SpringerWien NewYork

T0222551

Erika Jensen-Jarolim
Isabella Schöll
Krisztina Szalai

Gastrointestinaltrakt

Mukosale Pathophysiologie und Immunologie

SpringerWienNewYork

a.o. Univ.-Prof. Erika Jensen-Jarolim
unter Mitarbeit von
Dr. Isabella Schöll, Mag. Krisztina Szalai
alle Institut für Pathophysiologie, Medizinische Universität Wien, Österreich
http://www.allergology.at

Das Werk ist urheberrechtlich geschützt.
Die dadurch begründeten Rechte, insbesondere die der Übersetzung, des Nachdruckes,
der Entnahme von Abbildungen, der Funksendung, der Wiedergabe auf
photomechanischem oder ähnlichem Wege und der Speicherung in Datenverar-
beitungsanlagen, bleiben, auch bei nur auszugsweiser Verwertung, vorbehalten.

© 2006 Springer-Verlag/Wien

SpringerWienNewYork ist ein Unternehmen von
Springer Science + Business Media
springer.at

Die Wiedergabe von Gebrauchsnamen, Handelsnamen, Warenbezeichnungen
usw. in diesem Buch berechtigt auch ohne besondere Kennzeichnung nicht zu der Annahme,
dass solche Namen im Sinne der Warenzeichen- und Markenschutz-Gesetzgebung
als frei zu betrachten wären und daher von jedermann benutzt werden dürfen.
Produkthaftung: Sämtliche Angaben in diesem Fachbuch erfolgen trotz
sorgfältiger Bearbeitung und Kontrolle ohne Gewähr. Eine Haftung des Autors oder
des Verlages aus dem Inhalt dieses Werkes ist ausgeschlossen.

Satz: Reproduktionsfertige Vorlage der Autoren
Druck: Ferdinand Berger & Söhne Gesellschaft m.b.H., 3580 Horn, Austria

Gedruckt auf säurefreiem, chlorfrei gebleichtem Papier – TCF
SPIN: 11610366

Bibliografische Information der Deutschen Bibliothek
Die Deutsche Bibliothek verzeichnet diese Publikation in der Deutschen
Nationalbibliografie; detaillierte bibliografische Daten sind im Internet über
http://dnb.ddb.de abrufbar.

ISBN-10 3-211-31792-9 SpringerWienNewYork
ISBN-13 978-3-211-31792-1 SpringerWienNewYork

Inhaltsverzeichnis

1. Der Ösophagus

1.1. Physiologische Funktion: Schluckakt

Das Ziel des Ösophagus ist es, Speisen zügig vom Pharynx in den Magen zu transportieren und den Reflux von aggressivem Magensaft zu verhindern. Der obere Ösophagus-Sphinkter (OÖS) wird durch den M. pharyngis inferior gebildet, gefolgt von der Ösophagusmuskulatur selbst, deren Muskelfasern in einer Art Schraubensystem wirken. Dabei wird bei Kontraktion der Muskelfasern gleichzeitig eine Verringerung des Diameters erzielt, und somit der Transport der Nahrung nach aboral eingeleitet. Im unteren Teil schließt der untere Ösophagussphinkter (UÖS) an, an dessen Schlussfunktion das Diaphragma sowie der physiologisch spitze Winkel zum Magen (Hiatus ösophageus = Hiss'scher Winkel) anatomisch mitwirken. Das obere Drittel wird durch quergestreifte Muskulatur gebildet, der Schluckakt kann daher bewusst eingeleitet werden. Die distalen zwei Drittel der Speiseröhre bestehen aus glatter Muskulatur, der Nahrungs-Transport ab hier erfolgt automatisiert.

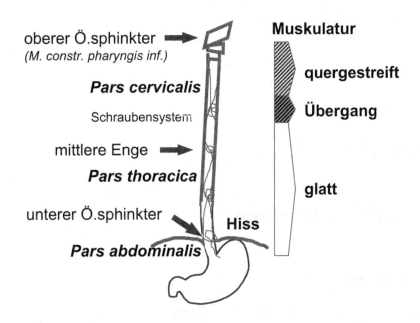

Die Innervation des Ösophagus (wie des gesamten GI-Traktes) von den Gegenspielern Vagus und Sympathicus bestimmt, wobei der Vagus aktivierend auf Motilität und Sekretion wirkt, der Sympathicus hemmend. Am oberen Ende wird der Ösophagus durch Vagusfasern durch direkte Äste des N. laryngeus recurrens versorgt, sowie aus dem gemischten Plexus pharyngeus mit sympathischen Fasern aus dem Grenzstrang. Zur Beförderung des Bolus beinhaltend noch relativ harte Speiseteile ist auch ein gut angepasstes Epithel erforderlich: Unverhorntes Plattenepithel, am Mageneingang erfolgt ein relativ harter Übergang in Zylinderepithel mit Drüsenschlauchformationen.

1.1.1. Schluckakt

Beim Schlucken öffnet sich aktiv der OÖS, und eine peristaltische (primäre) Reflexwelle befördert den Bissen in den Ösophagus. Dort löst die Dehnung passive (sekundäre) Peristaltikwellen durch Dehnung der Speiseröhre aus, die ebenfalls nach aboral verlaufen und so lange anhalten, bis der Bissen den Magen erreicht hat. Der UÖS wird schon beim Beginn des Schluckens durch einen vagalen Reflex geöffnet und es erfolgt hier ein Druckabfall. Gleichzeitig kann man auch sogenannte tertiäre Kontraktionen beobachten, deren Sinn nicht klar ist, denn sie erfolgen ungerichtet. Die Funktionalität des Schluckaktes kann manometrisch überprüft werden, sowie durch Bariumkontrastbreifüllung und Röntgen. Störungen des Schluckaktes werden als Dysphagie bezeichnet

Druckkurven physiologisch

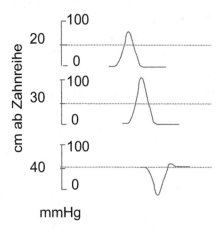

1.2. Pathophysiologie

1.2.1. Motilitätsstörungen

1.2.1.1. Divertikel

Der Schluckakt kann in der Einleitungs- (bukkolaryngealen) Phase gestört sein, die auch Veränderungen im Mundraum (*bucca* – Wange) betreffen kann. In tieferen Abschnitten sind es Obstruktionen durch Veränderungen von innen, oder Kompressionen von aussen, welche Schluckbeschwerden in der ösophagealen Phase des Schluckaktes machen. Dabei sind Erkrankungen jener Organe welche eine mittlere Enge anatomisch verursachen, wie Trachea, Mediastinum (beispielsweise Lymphknotenaggregate), sowie der Aorta wichtige Ursachen für Störungen. Hier bleiben auch am ehesten Fremdkörper wie grosse Tabletten hängen, die zu Entzündungen führen können.

Typische Ösophagusveränderungen mit Dysphagie als Folge sind Divertikel. Diese entstehen bevorzugt an einem *locus minoris resistentiae*, wie es das Laimer´sche Dreieck am OÖS darstellt. Wenn es in der Einleitung des Schluckaktes zwar zu einer Erschlaffung, aber anschließend auch zu einer vorzeitigen Kontraktion des oberen Sphinkters, noch bevor der Pharynx entleert ist, kommt, entsteht durch den resultierenden erhöhten intraluminalen Druck die Aussackung der Schleimhaut juxtasphinktär (in der Nähe des Sphinkters). Hier findet man dorsal das häufigste Divertikel, das Zenker'sche Pulsationsdivertikel; so benannt, weil es je nach Füllungszustand mit Speisebrei in der Grösse variieren kann. Es ist ein „falsches Divertikel", da es nicht die gesamte Wand, sondern nur die Mukosa betrifft, welche durch die anderen Wandschichten ausgestülpt wird. Weitere juxtrasphinktäre Divertikel befinden sich als epiphrenische D. am UÖS. „Echte Divertikel" aus allen wandschichten findet man bevorzugt in der mittleren Enge. Hier kann es u.a. durch Narbenzug nach Entzündungen im Mediastinum zu Traktionsdivertikeln, zumeist ventral kommen.

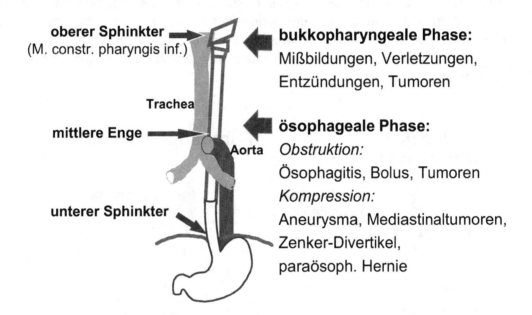

Funktionelle Divertikel diagnostiziert man in der Röntgenuntersuchung, wobei sich ungerichtete, tertiäre, spastische Kontraktionen entlang des Ösophagus darstellen, die sich wie Divertikel, aber mit wechselnder Lokalisation, darstellen.

Symptome

Bei beginnender Divertikelbildung überwiegt generell die Dysphagie. Später, bei zunehmender Größe, kommt es zu Regurgitation von Nahrungsbrei und, durch Aspiration, bronchopneumonischen Komplikationen bei den in der Regel älteren Patienten. Die Schleimhaut ist durch stagnierenden Speisebrei entzündet. Beim Zenker'schen Divertikel kommen Atembeschwerden und ein retrosternaler Druck mit Reizhusten hinzu. Epiphrenische Divertikel am UÖS bewirken neben Druckbeschwerden und Dysphagie gastrische Symptome, wie Sodbrennen und epigastrische Schmerzen. Traktionsdivertikel machen oft keine Symptome, oder Druck, Dysphagie und Hustenreiz.

Therapie

chirurgische Abtragung, gleichzeitige Behebung der Ursache für den Überdruck. Am UÖS kann man hierzu Muskelfasern einschneiden (Myotomie).

1.2.2. Hiatushernien

Bei einer Verschiebung des intraabdominellen Teiles des Ösophagus in den Thoraxraum spricht man von einer Hernie. Dabei wird der Sphinktermechanismus gestört und die Zylinderepithelgrenze nach oral verschoben. Oft ist das insuffiziente Zwerchfell, in Kombination mit Raumforderungen im Abdominalraum (Adipositas, Schwangerschaft), die Ursache. Die Hernienbildung kann axial (86%) oder paraösophageal durch Verschiebung des Magenfundus erfolgen. Eine Hernie kann durch den sogenannten Brachyösophagus begünstigt werden, wobei eine angeborene Verkürzung die Malposition begründet. Auch ein angeborener stumpfer Hiss'scher Winkel stellt eine Prädisposition zu einer Hernie dar. Hiatushernien sind häufig. Sie finden sich bei ca. einem Viertel der Patienten, die wegen abdomineller Missempfindungen einen Arzt aufsuchen. Bei 20% der Hernienträger kommt es zur Entwicklung eines gastroösophagealen Reflux durch inkompetenten Ösophagus-Shinkter und Kardiainsuffizienz. Nur zum geringeren Teil resultieren Schmerzen aus der mechanischen Läsion der in den Ösophagus gepressten Magenschleimhaut (manchmal Blutungsursache), oder aus begleitenden Tonusstörungen am Ösophagus im Sinne von diffusem Ösophagusspasmus.

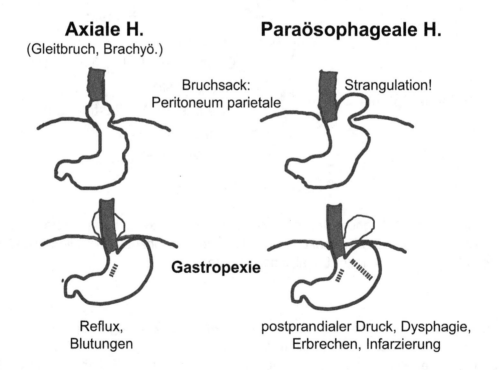

Axiale H.   **Paraösophageale H.**
(Gleitbruch, Brachyö.)

Bruchsack: Strangulation!
Peritoneum parietale

Gastropexie

Reflux,   postprandialer Druck, Dysphagie,
Blutungen   Erbrechen, Infarzierung

Symptome

Symptome der axialen Hiatushernien sind gastroösophagealer Reflux, Dysphagie, und ev. chronische Blutungen. Bei den paraösophagealen Hernien sind lageabhängiger postprandialer Druck im Oberbauch, Dysphagie, Luftaufstoßen oder Erbrechen mögliche Beschwerden, bei großen Hernien auch stenokardieähnliche Schmerzen. In der Schleimhaut der thorakal verlagerten Magenteile verursachen Erosionen mitunter akute oder chronische Blutungen. Gefürchtete Komplikation ist die akute Strangulation.

Die Diagnose wird durch Röntgen gestellt.

Therapie

physikalisch (kein Hinlegen nach dem Essen), Gewichtsreduktion; chirurgisch: Gastropexie (Fixierung des Magens im Abdomen durch Nähte an Bauchwand, bei einem angeborenen stumpfen Hiss´schen Winkel kann es immer wieder zu Malposition von Magenteilen kommen. In diesem Fall ist die Therapie die Wiederherstellung eines spitzen Winkels und chirurgische Fixation im Abdomen durch Gastropexie.

1.2.2.1. Nerval- funktionelle Motilitätsstörungen

Diese ergeben sich aus dem Aufbau der Speiseröhre und der Innervierung in den unterschiedlichen Abschnitten. Systemische Erkrankungen der quergestreiften Muskulatur haben Störungen der bukkopharyngealen Phase des Schluckaktes zur Folge (z.B. Polymyositis), der glatten Muskulatur die der ösophagealen Phase (z.B. Sklerodermie). Ebenso betreffen ZNS-Schädigungen die oberen Abschnitte, Neuropathien des Vegetativums die unteren (typisch bei der diabetischen Polyneuropathie). Diese funktionellen Störungen verursachen auch die Achalasie.

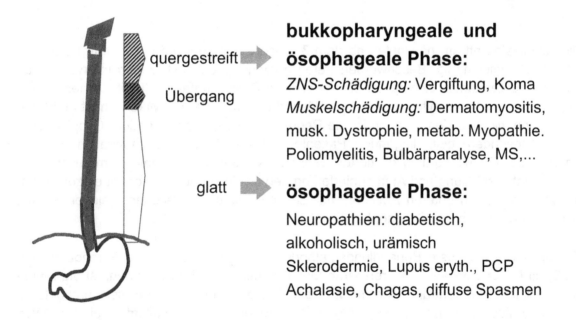

quergestreift ➡

Übergang

bukkopharyngeale und ösophageale Phase:
ZNS-Schädigung: Vergiftung, Koma
Muskelschädigung: Dermatomyositis, musk. Dystrophie, metab. Myopathie. Poliomyelitis, Bulbärparalyse, MS,...

glatt ➡

ösophageale Phase:
Neuropathien: diabetisch, alkoholisch, urämisch
Sklerodermie, Lupus eryth., PCP
Achalasie, Chagas, diffuse Spasmen

1.2.2.2. Achalasie-Megaösophagus

Es handelt sich um eine neuromuskuläre Erkrankung im Bereich der glatten Muskulatur des Ösophagus mit funktioneller Fehlfunktion. Dabei fehlen a.) die normale Peristaltik und der Tonus im Corpus oesophagi, und b.) die regelrechte Erschlaffung des UÖS beim Schlucken. Die Folge ist Megaösophagusbildung. Es ergeben sich typische Druckkurven in der Manometrie. Die Ätiologie der Achalasie ist nach wie vor unbekannt. Man beobachtet anfangs entzündliche Infiltrate im Plexus myentericus Auerbach, gefolgt vom Verlust der intramuralen Ganglien. Die Ursache der Achalasie ist weitgehend unbekannt, im tropischen Raum beobachtet man Achalasie bei M. Chagas (siehe unten).

Symptome sind oft bestimmt durch Ganglienzellverluste mit Hypomotilität, begleitet von Tonuserhöhung im UÖS, und daher Druckgefühl und Schmerzen, Dysphagie und Regurgitation. Bei der Endoskopie wird die Stauung der aufgenommenen Speisen und Flüssigkeiten im Lumen sichtbar.

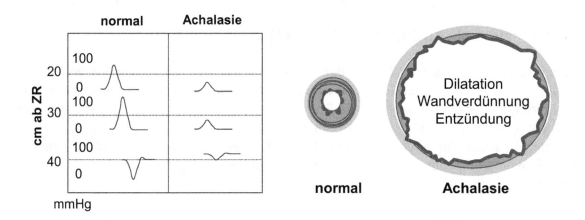

Die Achalasie, tritt am häufigsten ab dem 3. Lebensjahrzehnt auf und betrifft beide Geschlechter gleichmäßig. Beschwerden treten anfangs selten, mit langen Intervallen auf, häufen und verstärken sich später bis zur völligen Schluckunfähigkeit mit Kachexie. Eine Angina pectoris kann imitiert werden. Auslösend und verstärkend wirken Angst und Erregung. Eine wichtige Komplikation ist die Regurgitation von stagnierendem Ösophagusinhalt, insbesondere beim liegenden Patienten mit der Gefahr der Aspiration und der Pneumonie. Ein hochgradig dilatierter Ösophagus kann mediastinale Kompression mit oberer Einflussstauung und Atembehinderung hervorrufen. Häufiger kommt es zur Retentionsösophagitis im unteren Abschnitt mit Erosionen und Ulzerationen, gelegentlich mit Blutung, Perforation und Periösophagitis.

Therapie: Die gängigste Behandlungsmethode ist eine Dehnung (sog. Sprengung) des UÖS mit Dilatatoren, wie aufspreizbaren Metallsonden, oder Ballonsonden. Ist die Dilatation erfolglos oder kontraindiziert, so wird die Kardiomyotomie nach Heller durchgeführt. Medikamentöse Therapie ist von geringem Wert. Es empfiehlt sich allenfalls die Gabe von Sedativa und zur schnellen, kurzfristigen Öffnung der Kardia Nitrate (Nitroglycerin, Isosorbitdinitrat), oder Ca-Antagonisten (Nifedipin). Anticholinergika sind kontraindiziert, da sie Retention verstärken.

1.2.2.3. Morbus Chagas

Eine Erkrankung typischerweise begleitet von Achalasie ist der M. Chagas. Neben der Megaösophagus-Bildung kommt es auch zu Megakolon und Herzmuskelerweiterungen (Megacor). Hier ist die Ursache gut bekannt: Nach einer Infektion mit dem Erreger *Trypanosoma cruzi*, einem begeisselten Protozoon (Einzeller), das durch Raubwanzen (*Triato-*

ma infectans), eine Reduviiden-Art übertragen wird, die nur in Mittel- und Südamerika vorkommen. Sie befallen u.a. Nager, Hunde, Katzen und das Opossum, und eben auch den Menschen. Durch den Stich der Raubwanzen erreicht der Parasit schließlich die Blutbahn, wo er in der trypomastigoten Form nachgewiesen werden (NB: trypomastigot - Trypanosomen im Wirbeltierwirt haben ihre Geissel hinter dem Kern, im Insektenwirt vor oder am Pol, sind dann epi- oder promastigot). Die Vermehrung erfolgt aber ausschließlich intrazellulär durch mehrfache Teilung und zwar in der amastigoten Form (ohne Geissel).

Bevorzugt werden Herz- und Extremitätenmuskelzellen befallen und es kommt zum Verlust autonomer intramuskulärer Ganglien. Nach der Zerstörung der Wirtszelle werden die inzwischen vermehrten trypomastigoiden Trypanosomen in die Blutbahn entlassen und bei einer nächsten Blutmahlzeit von den Raubwanzen wieder aufgenommen und verteilt. Weltweit rechnet man mit etwa 18 Millionen Infizierten.

Das Problem bei M. Chagas ist, dass nach Verschwinden des Erregers nach einer Latenzzeit die Erkrankung fortschreitet, da es zu anschliessenden Autoimmunphänomenen kommt. Infektionsinduzierte Autoimmunitätskrankheiten kommen durch molekulare Mimikry der Fremd-Antigene mit körpereigenem Material zustande. Abwehr durch B- und T-zelluläre Immunmechanismen führen zur chronischen Entzündung und Organschäden. In diesem Fall ist das Herz besonders betroffen, die Patienten versterben an Herzversagen.

Die Symptome sind im akuten Stadium Grippesymptome, Fieber, Chagom (Rötung, Schwellung an der Einstichstelle), einseitiges Lidödem besonders bei transkonjunktivaler Infektion (Romana-Zeichen); das zweite Stadium ist durch Parasitämie ausgezeichnet: Hepatosplenomegalie, Lymphknotenschwellungen, generalisierte Ödeme und schwere Organschäden; zuletzt im chronischen Stadium entstehen Mega-Organe und werden insuffizient.

Diagnose:

Erregernachweis im Blutausstrich, immunologisch: Antikörpernachweis, sowie Hauttest (Nachweis spezifischer T-Zellen, sie wandern innerhalb von 48-72 Stunden an die Hautstelle wo das Antigen aufgebracht ist und verursachen DTH-Reaktion „delayed type reactivity" mit Rötung, Schwellung, nach dem Muster des Tuberkulintestes (Überempfindlichkeit Typ IV nach Coombs und Gell).

Therapie: Insektizidbekämpfung der Vektoren, Expositionsprophylaxe, Nifurtimox.

1.2.2.4. Diffuser Ösophagusspasmus

Bei dieser seltenen Erkrankung unbekannter Ätiologie ist die Ösophaguswand durch Hypertrophie der glatten Muskulatur verdickt. Die Tätigkeit des Ösophagus besteht bei meist erhöhtem Ruhetonus überwiegend aus diffusen, lang anhaltenden, sich häufig wiederholenden Kontraktionen hoher Druckamplitude.

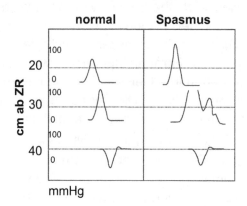

Die Sphinkteröffnung ist vollständig und verlängert; eine Ausnahme bildet hier eine Sonderform, der hypertone gastro-ösophageale Sphinkter.

Symptome: Dysphagie und retrosternale Schmerzen, manchmal ähnlich Stenokardien, treten meist episodenhaft auf, nur selten ist das Allgemeinbefinden ernstlich beeinträchtigt. Der Verlauf geht über Jahrzehnte. Röntgenologisch imponiert der „Korkenzieherösophagus" mit Kräuselungen, Pseudodivertikeln und tertiären Kontraktionen, sowie die stark verzögerte Breipassage im Ösophagus. Die Diagnose wird am eindeutigsten durch die Manometrie gestellt.

Therapie: Wirksam sind Spasmolytika, Nitroglyzerin und wirkungsverwandte Stoffe. Eine Operation (Myotomie) ist nur selten indiziert. Bestimmte Speisen sollen vermieden werden (Kaffee, Fleisch, Fette). Zur Anfallskupierung und Langzeittherapie: Nifedipin, Isosorbitdinitrat vor den Mahlzeiten. Sensitive Auslöser sind Cholinergika, Pentagastrin.

1.2.3.   Refluxkrankheit: GERD

Gastroesophageal reflux disease – GERD - ist die häufigste Erkrankung des Ösophagus und tritt bei mechanisch inkompetentem UÖS, wie z.B. post Magensonde, nach Magenoperationen (Gastrektomie, Kardiaresektion, Heller OP) auf. Manchmal ist auch ein zu stumpfer Hiss´scher Winkel die Ursache für UÖS Dysfunktion und Reflux. Dieser kann durch Fundiplikatio (siehe Abbildung) korrigiert werden.

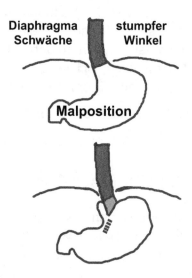

Kommt es zum Reflux von Magen- und Duodenalsekret, können Störungen der Ösophagusmotilität und entzündliche Läsionen an der Schleimhaut auftreten. Fette, Alkohol, Nikotin fördern Reflux, indem sie den UÖS entspannen.

Je nach Ausmass der Entzündung um die Zirkumferenz des Lumens werden drei Stadien (Grad I-III) unterschieden. Bei Ösophagitis handelt es sich um eine umschriebene oder diffuse Entzündung der Schleimhaut der Speiseröhre (Ösophagus). Diese kann akut oder chronisch verlaufen, mit Erosionen und Ulzerationen. Ursachen für akute Ösophagitis sind Säuren, Laugen, toxische Substanzen; für chronische Ösophagitis sind es Stauung von Nahrungsbrei proximal von Stenosen (Achalasie, Narben, Tumore), also eine gestörte ösophageale Clearance und/oder aggressives Refluat, beinhaltend HCl, Pepsin, oder, bei duodeno-gastralem Reflux, auch Galle und Pankreasenzyme.

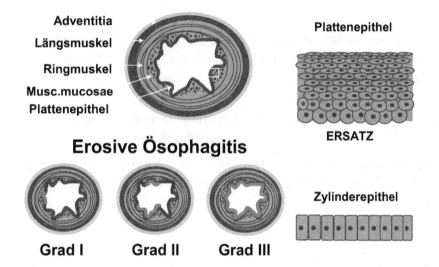

Durch funktionelle Adaptation bei chronischem Reflux kommt es zu Metaplasie: Ersatz des mehrschichtigen Plattenepithels durch Zylinderepithel, sogar mit Anlage von Drüsenschläuchen. Diese Veränderung wird als Endobrachyösophagus oder Barret-Ösophagus bezeichnet. Entstehen im Zylinderepithel Ulcera, nennt man sie Barret-Ulcera. An Grenzzonen zwischen Platten- und Zylinderepithel finden sich Übergangsulcera. Bei Anhalten des Schadens können dysplastische Zellen entstehen, die Boden für eine maligne Entartung darstellen. 10% der Barret-Osophagitiden münden tatsächlich in ein Adenokarzinom basierend auf der Metaplasie.

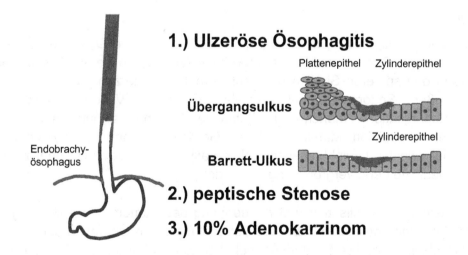

Dieser gesamte Krankheitskomplex wird als GERD bezeichnet. Physiologisch besteht GERD bei 50% der Neugeborenen, die Schliessfunktionen des Ösophagus (UÖS = LES, *lower esophageal sphincter*) reifen aber zumeist bis zum Ende des ersten Lebensjahres. Innerhalb dieser Zeit bei mässigem Reflux sollte das Kind nach der Nahrungsaufnahme lediglich in aufrechte Position gebracht werden. Besteht GERD länger, muss wegen der Gefahr von Aspirationspneumonien, Gedeihstörungen und nicht zuletzt potentieller Tumorentstehung therapiert werden. Dies geschieht heute durch Säuresuppression und/oder Gastrostomie (Verfahren zur perkutanen Anlage einer Ernährungssonde in den Magen).

Diagnose der Refluxkrankheit erfolgt durch die Manometrie (Potentieller Reflux?), Endoskopie/Biopsie/Histologie (Mukosaschaden?), Röntgen (Tatsächlicher Reflux nach Magen-Säurefüllung?), Langzeit-pH Messungen.

Therapie: praktische Empfehlungen (Hochlagerung nach dem Essen, kleine Mahlzeiten, Meiden von Fett, Nikotin, Alkohol, und Übergewicht reduzieren).

Metoclopramid (Dopaminantagonist), Reduktion der Aggressivität des Refluates durch Säurereduktion. Im Falle eines Staues wegen peptischer Stenose: Bougierung (mechanische Erweiterung).

1.2.4.   Ösophaguskarzinome

90% sind Plattenepithelkarzinome, der Rest überwiegend Adenokarzinome. Wichtigster pathogenetischer Faktor ist die chronische Schädigung der Ösophagusschleimhaut durch chemische and physikalische Noxen (Nitrosamine oder deren Vorstufen aus der Nahrung, Alkohol, Nikotinabusus durch Rauchen und Tabakkauen, Verätzungen, Stagnation der Nahrung bei Stenosen, Reflux aus dem Magen). Generell gilt, dass Rauchen oder Alkohol des Risikos eines Ösophagus- oder Magen-Karzinoms um den Faktor 7 erhöhen, beide Faktoren gemeinsam um den Faktor 40!

Symptome

Häufigstes und wichtigstes Symptom ist die meist progressive Dysphagie. Sie beginnt gewöhnlich für feste Speisen und betrifft im weiteren Verlauf breiige und flüssige Nahrung. Meist wird in den späteren Stadien über substernale Schmerzen oder Druckgefühl geklagt. Aufstoßen, Sodbrennen, retrosternale Schmerzen, Völlegefühl, Würgen und schließlich Regurgitationen manchmal leicht blutigen Ösophagusinhaltes sind Zeichen der zunehmenden Obstruktion. Manchmal stehen Gewichtsabnahme, Tachykardie, hypochrome Anämie, palpable Lymphknotenschwellung axillär, superclavikulär oder zervikal und metastasenbedingte Lebervergrößerung im Vordergrund.

Therapie: Histologie, Lokalisation und Ausdehnung des Tumors sowie der Allgemeinzustand des Patienten entscheiden über die Behandlung durch Operation oder Bestrahlung (Plattenepithelkarzinom). Die 5-Jahresüberlebensrate liegt bei unter 20%. Zu den palliativen Maßnahmen zählen die Radiotherapie und die Überbrückung der Stenose durch Einführen eines Celestin-Tubus auf endoskopischem Weg zur Passagesicherung.

1.2.5. Ösophagusvarizen

Die Ursachen für diese venöse Insuffizienz liegen zumeist in Pfortaderhochdruck (Druck über 12 mm Hg) durch Leberzirrhose, selten sind ein Budd-Chiari-Syndrom (seltenes Syndrom mit Verschluss der grossen Lebervenen), Pfortaderthrombose oder Druckerhöhung durch Lebermetastasen schuld.

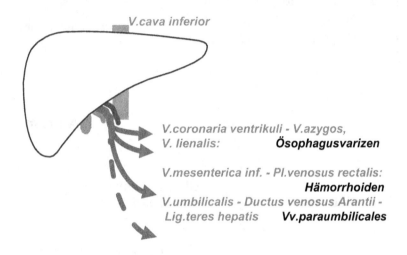

V.cava inferior

V.coronaria ventrikuli - V.azygos,
V. lienalis: **Ösophagusvarizen**

V.mesenterica inf. - Pl.venosus rectalis:
Hämorrhoiden
V.umbilicalis - Ductus venosus Arantii -
Lig.teres hepatis **Vv.paraumbilicales**

Leberblut fliesst dann ungenügend in die V. cava inferior ab und staut sich über drei Kollateralkreisläufe. Ösophagusvarizen sind an sich symptomlos, erstes Symptom kann die chronische Blutung mit Blutungsanämie sein, durch Blutersetzung im Darmlumen über die Flora kann vermehrt Ammoniak gebildet werden, der leicht resorbiert wird, die Blut-Hirnschranke durchdringt und zur hepatischen Enzephalopathie beiträgt. Diese ist gekennzeichnet durch Störungen der Motorik (*flapping tremor*) bis zum Ausfall von Reflexen, Koordination, Gleichgewichtsstörungen, Psyche (Unruhe, Aggressivität oder Melancholie), im maximalen Fall Delirium tremens. Gefürchtet ist die dramatische Varizenblutung mit Hämatemesis (Bluterbrechen) und Lebensgefahr. Auslöser kann mechanische Schädigung sein, und die Behandlung muss in der Intensivstation Schockbekämpfung und endoskopische Blutungsstillung umfassen.

Therapie:

Nach früherer Verödung (Sklerosierung) von Ösophagusvarizen ist heute die risikoärmere Bandligatur in den Vordergrund getreten, wobei die blutende Vene angesaugt und durch ein abgeworfenes Gummiband „abgebunden" wird. Die Diagnostik erfolgt somit endoskopisch und durch Feststellung der Leberenzyme erfolgt die der Leberzirrhose.

2. Magen

2.1. Funktionen

Die Teile des Magens haben unterschiedliche Funktion, wie auch aus dem Aufbau der Drüsen sichtbar wird, und beinhalten unterschiedlich spezialisierte Zellen. Nebenzellen produzieren Schleim aus viskösen Glykoproteinen, der schützend und lubrizierend wirkt.

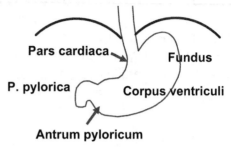

Peristaltik: 1mm Partikel

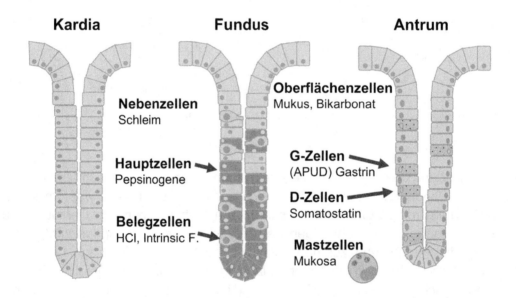

Die Hauptzellen produzieren Pepsinogen, das im Lumen in acht verschiedene Pepsine umgewandelt wird, die Wirkungsoptima für ihre enzymatische Aktivität zwischen pH 1.5 – pH 2.5 haben. Sie spalten Proteine des mageneigenen Schleims, der dann kurzkettig, wasserlöslich und besser lubrizierend wird, was für das Gleiten der Nahrung wichtig ist.

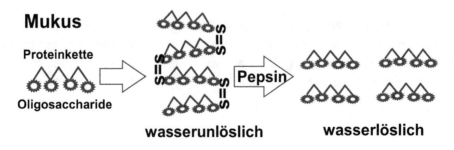

Hauptzellen sind ausserdem für die Bildung und Transport von Intrinsic Factor ins Lumen verantwortlich. Die Salzsäure aus den Belegzellen (Parietalzellen) des Fundus denaturiert Eiweisse und bewirkt dadurch, dass Proteine ihre Funktion verlieren und gleichzeitig angreifbar für die Verdauungsenzyme werden. Dieser Mechanismus betrifft nutritive Eiweisse aus der Nahrung, aber auch schädliche Proteine - die Magensäure hat eine wichtige Schutzfunktion gegen Nahrungsmittelallergie und orale Infektionen.

Das Antrum enthält die G-Zellen des neuroendokrinen APUD Systems (*amine precursor uptake and decarboxylation*), die das Gewebshormon Gastrin produzieren, welches wieder die Säuresekretion fördert. Ebenso stimulierend wirken Histamin aus Mastzellen der Lamina propria, das an H2-Rezeptoren der Belegzellen angreift. Inhibitorisch auf die Magensekretion (und jene des Pankreas) wirkt Somatostatin, das aus den D(delta)-Zellen kommt, welche im Pankreas, im Antrum und gesamten Intestinum vorkommen.

Feinregulation der HCl-Sekretion

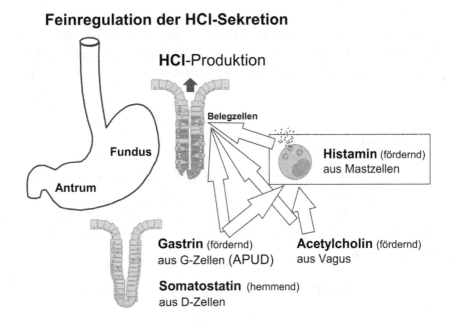

Unter Vagusstimulation wird allein schon durch die muskuläre Bewegung des Magens die Nahrung mechanisch zerkleinert. Die kephal-vagale Phase wird durch unkonditionierte Stimuli wie Geschmack, Geruch, Kauen sowie konditionierte Stimuli, wie der Anblick von Speisen ausgelöst. Neben motorischer Aktivität wird die Produktion von Schleim, HCl and Pepsinogen angeregt. In der gastralen Phase erfolgt die Stimulation der HCl-Sekretion mechanisch durch Dehnung der Wand und Afferenzen über N. Vagus, sowie chemisch durch Reize von Nahrungsbestandteilen und Stimulation der Gastrinproduktion, die bei pH Steigerung im Magen durch Neutralisation der HCl durch Nahrung wieder vermehrt Gastrin aus dem Antrum freisetzt.

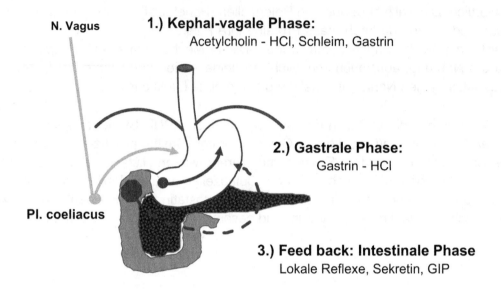

N. Vagus

1.) Kephal-vagale Phase:
Acetylcholin - HCl, Schleim, Gastrin

2.) Gastrale Phase:
Gastrin - HCl

Pl. coeliacus

3.) Feed back: Intestinale Phase
Lokale Reflexe, Sekretin, GIP

Die motorisch und sekretorisch aktive Phase ist am Ende gefolgt durch die inhibitorische intestinale Phase, lokale Reflexe, die ausgelöst werden wenn der saure Nahrungsbrei ins Duodenum eintritt, sowie inhibitorische Gewebshormone (Sekretin, gastric inhibitory peptide GIP).

2.1.1. Magensaft-Sekretion

Die Magenmukosa sezerniert täglich 2-3 Liter Magensaft, dessen wesentliche Bestandteile Salzsäure, Intrinsic Factor für die Vitamin B12 Resorption, Pepsinogene, Muzine und Bikarbonat sind. Die Bikarbonat- und Muzinsekretion im Magen erfolgen kontinuierlich. Die HCl- und Pepsinogenabgabe unterliegen dagegen der Regulation im Zusammenhang mit Verdauungsstimuli.

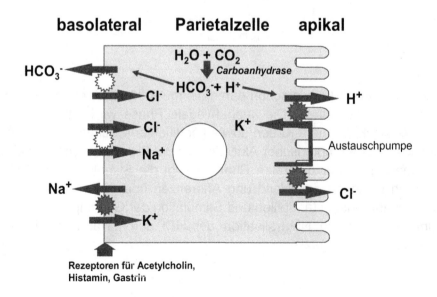

basolateral   Parietalzelle   apikal

HCO_3^-

$H_2O + CO_2$
Carboanhydrase
$HCO_3^- + H^+$

Cl^-

H^+

Cl^-

K^+

Na^+

Austauschpumpe

Na^+

Cl^-

K^+

Rezeptoren für Acetylcholin,
Histamin, Gastrin

HCl-Sekretion. Die von den Belegzellen unter Mitwirkung der Carboanhydrase gebildeten H^+-Ionen werden mit Hilfe einer H^+/K^+-ATPase in intrazelluläre Kanalikuli gepumpt, daher energieabhängige und aktiv. Die Belegzellen sind einzigartig in ihrer Fähigkeit, HCl in hoher Konzentration zu produzieren, wobei eine H^+-Konzentrierung etwa um den Faktor 10^6 gegenüber dem Blut erzielt wird (der pH im Interzellularraum liegt bei 6.8 – 7.0, im Magenlumen werden zu Spitzenzeiten pH Werte um 1.0 gemessen).

Parietalzellen besitzen Tubulovesikel, deren Membran die H^+/K^+-ATPase enthält, und intrazelluläre Kanalikuli, die an der apikalen Seite der Zellen in das Magenlumen einmünden. Nach Stimulation fusionieren die Tubulovesikel mit den Membranen der Kanalikuli und die Protonenpumpe wird eingebaut. In Verdauungsruhe werden die Pumpen und Kanäle wieder in die Tubulovesikel zurückverlagert.

Die Energiequelle für den aktiven Transport von Protonen aus Belegzellen in den Magensaft ist ATP. Durch die Aktivität der H^+/K^+-ATPase wird im gleichen Verhältnis H^+ gegen K^+ ausgetauscht. H^+ entstammt der Kohlensäure, wobei äquivalente HCO_3^--Mengen entstehen. HCO_3^- tritt im Austausch gegen Cl- in das Blut über. Während der Magenverdauung wird daher gleichzeitig eine „Alkaliflut" im Blut gemessen. Mit den H^+-Ionen werden auch Cl^-- und K^+-Ionen passiv über spezielle Kanäle in das Lumen abgegeben. Dem Transport der Ionen folgt ein osmotisch bedingter Wasserstrom in das Magenlumen, der zur Speisenverdünnung zur Angleichung der Osmolarität benötigt wird.

2.1.2.   Schutzfunktion vor Selbstverdauung

Die Magenmukosa ist den aggressiven Faktoren HCl und Pepsin, bei gastroduodenaler Reflux auch Lysolecithin und Gallensäuren ausgesetzt. Daher gibt es ein ausgeklügeltes Schutzsystem. Die ausreichende Mikrozirkulation ist wichtig für den Abtransport eventuell diffundierender Protonen und Bereitstellung von Bikarbonat. In Situationen der Vasokonstriktion oder Minderperfusion, wie z.B. beim Schock, kann die Gewebeübersäuerung nicht genügend ausgewaschen werden. Auch Medikamente wie Cortison beeinflussen die Durchblutung negativ. Weitere Faktoren sind verlängerte Kontaktzeit des sauren Speisebreis (*Chymus*) an der Mukosa, z.B. bei tiefer liegenden Stenosen oder verzögerter Magenentleerung durch folgende Faktoren:

Erkrankungen der glatten Muskulatur:	z.B. Sklerodermie
Nerval:	Polyneuropathie, Bulbärparalyse
Medikamente:	Opiate, Anticholinergika, Dopamin
neuromuskulär:	Elektrolytverschiebungen (Diuretika, Erbrechen, Diarrhoen,...)
organisch:	Ulcera, Tumoren, Magenausgangs-Stenose
postoperativ	(Carbachol, Neostigmin)

Die Symptome sind Volumenzunahme, Dehnung, Sekretion, verlängerte Kontaktzeit an der Mukosa führen zu Übelkeit, Erbrechen und Elektrolytverschiebungen (hypokaliämische Alkalose).

Ein weiterer wichtiger defensiver Faktor ist die *Mukosabarriere*, gebildet aus Mukus und der „Bikarbonat - Batterie" in den Epithelzellen für die Neutralisation der Protonen. Auch die Reparation von Epithelzellen erfolgt schnell, allerdings mit dem Risiko, entstandene Mutationen ebenso rasch an eine Tochtergeneration von Zellen weiterzugeben. Das Risiko mit potentiellen Karzinogenen in Kontakt zu kommen ist im Magenlumen sehr gross.

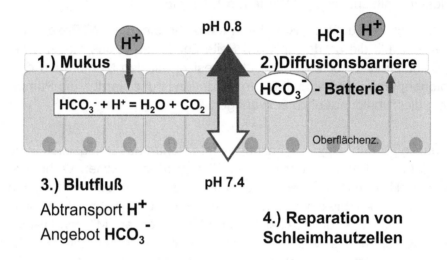

2.2. Pathophysiologie

2.2.1. Beschleunigte Magenentleerung und Dumpings

Die genau dosierte Verweildauer von Speisen im Magen hat auch den Sinn, zu rasche Resorption von Nahrungsstoffen zu verhindern, sowie eine ausreichende Angleichung der Osmolarität zu erzielen. Dies kann ein Problem werden in Situationen wo die Magenentleerung beschleunigt erfolgt, wie nach exogenen oder endogenen cholinergen Stimuli, sowie (paradoxerweise) nach Vagotomie, die zur Verminderung der Sekretionsleistung des Magens bei Ulkuserkrankungen eingesetzt wurde und heute seltener verwendet wird. Nach Vagotomie fehlt die so genannte rezeptive Relaxation (also Dehnungsbereitschaft) nach Nahrungsaufnahme, es kommt zu rasantem Druckanstieg und zur Entleerung durch schwallartiges Erbrechen.

Magenoperationen (Billroth I. und II.) wurden früher oft bei Ulcera ventriculi und duodeni ausgeführt um die Magensäure auszuschalten. Heute finden Magenresektionen bei malignen Erkrankungen Anwendung. In jedem Fall kann es als Folge zu „Dumping"- Syndromen kommen, die früh oder verzögert einsetzen. Frühdumping ist eine Folge ungenügender Angleichung der Osmolarität des Speisebreis bei rascher Passage, gefolgt von Hypovolämie.

postalimentäres Frühdumping: 0 - 30 min

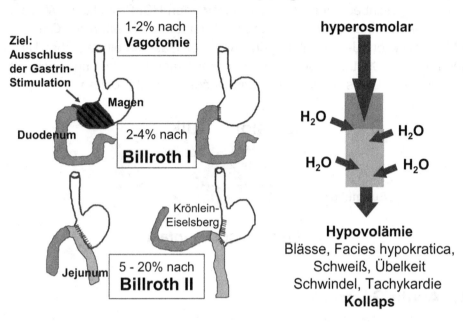

Spätdumping kommt durch zu rasche Glucoseresorption zustande, gefolgt von reflektorischer Hypoglykämie. Im Serum steigen Serotonin, Bradykinin, Neurotensin, und Enteroglukagon an.

postalimentäres Spätdumping: 90 min - 3 h

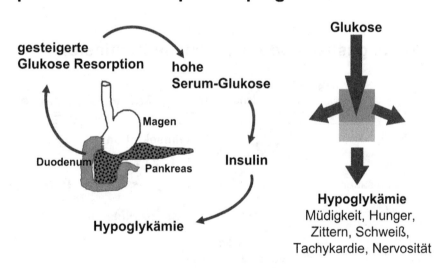

(NB: Weitere Probleme nach Magenteilresektionen kann die in der Folge ungenügende Pylorusfunktion sein, wobei es zu galligem Erbrechen und Refluxösophagitis kommen kann, ausserdem ist die Proteindenaturierung gestört, was zu vermehrten gastrointestinalen Infektionen und Nahrungsmittelallergien beitragen kann)

Therapie der Dumpings: kleine Mahlzeiten, horizontale Lagerung, Anticholinergika, Serotonin-Antagonisten (Methysergid)

2.2.2. Gastritiden

Gastritis ist nicht gleichbedeutend mit einer vermehrten HCl-Produktion. Weder muss eine Hyperchlorhydrie zu einer Gastritis führen, noch findet sich *a priori* bei Gastritis eine vermehrte HCl-Produktion. Jedes Ulkus geht mit einer Gastritis einher, aber Ulkus ist nicht gleichbedeutend mit Gastritis. Bei der Gastritis kann man Entzündungszeichen bis hin zur Erosion sehen, beim Ulkus ist die Muscularis mucosae durchbrochen.

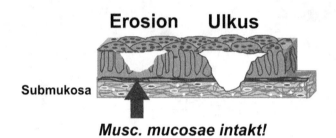

2.2.2.1. Akute Gastritis

Es besteht eine in der Regel auf die Schleimhaut beschränkte Entzündung meist umschriebener Teile der Magenwand. Sie entsteht kurzfristig unter der Einwirkung einer meist exogenen Noxe und heilt gewöhnlich rasch nach deren Beseitigung ab. Häufigste Ursache ist der Alkohol, der direkt toxisch wirkt. Weiter spielen chemische, thermische (zu kalte oder zu heiße Speisen), aktinische (diagnostische und therapeutische Strahlen) und bakterielle Noxen (Helicobacter pylori, Salmonella typhi, S. paratyphi, etc.) eine Rolle.

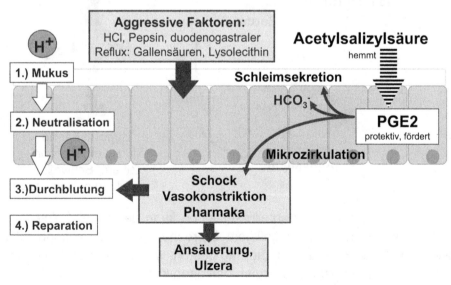

Unter den Medikamenten sind solche ursächlich beteiligt, welche die Schutzfunktion der Mukosabarriere vor Selbstverdauung stören: Acetylsalicylsäure, Indometazin, Phenylbutazon, etc. Acetylsalicysäure hemmt die Cycloxygenase und damit die Prostaglandinsynthese. PGE2 ist eigentlich ein protektiver Faktor durch Unterstützung der Mukusbildung, Anlage der Bikarbonatbatterie und Förderung der Mikrozirkulation. Bei verminderter Bildung fallen diese Schutzfunktionen aus und Läsionen werden begünstigt.

Die Gastritis wird auch ausgelöst durch die in das Gewebe rückdiffundierenden H+-Ionen aus dem Magenlumen, wenn sie nicht neutralisiert werden. Besonders gefährdet sind „Wasserscheidenregionen", also Grenzzonen der Versorgungsgebiete von Blutgefässen. Konzentrierte Säuren und Laugen (Unfälle, Suizidversuche) verursachen je nach ihrer Menge und nach Füllungszustand des Magens Schäden vom Schleimhautödem bis zur Nekrose der gesamten Magenwand.

Symptome: Beschwerden treten nur in einem Teil der Fälle auf. Es sind Schmerzen, Übelkeit, Erbrechen, Appetitmangel, Völlegefühl, allgemeines Krankheitsgefühl. Eine erosive Gastritis kann u.U. zu chronischen und zu akuten massiven oberen gastroinestinalen Blutungen führen. Nach Verätzungen kommen narbenbedingte Stenosesymptome vor.

Diagnose: Die Läsionen sind nur endoskopisch und bioptisch sicher erkennbar: Rötung und Schwellung der Schleimhaut, u.U. mit intramukosalen Hämorrhagien und/ oder erosiven Oberflächendefekten.

Therapie: Diät (Tee, Zwieback), Alkoholabstinenz. Lokalbehandlung mit Antiphlogistika und Antazida.

2.2.2.2. Stressulkus

Schwere bakterielle Infektionen können signifikante Substanzdefekte und damit Ulcera auslösen. Weitere Ursachen sind Stress und Vasokonstriktion bei Schock, Hirntraumen, Operationen (Cushing Ulcera), schwere Verbrennungen (Curling Ulcera), sowie Azidose.

Die Symptomatik ist durch akute Blutungen (Hämatemesis, Melaena), und eventuell Ulkusperforation in benachbarte Organe (besonders Pankreas) mit Schockgefahr geprägt.

2.2.2.3. Chronische Gastritis

Die chronische Oberflächengastritis ist charakterisiert durch entzündliche Infiltrate vornehmlich zwischen den Foveolae gastricae.

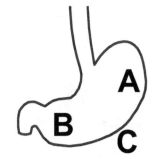

Bei der chronisch atrophischen Gastritis hingegen gehen die Drüsen fortschreitend zugrunde. Dabei können die Korpusdrüsen durch Antrumschleimhautdrüsen, in schweren Fällen durch Darmepithel ersetzt werden: intestinale Metaplasie. Nach der Lokalisation lassen sich die chronische Schleimhautatrophie der chronisch atrophischen

Gastritis im Korpusbereich –Typ A Gastritis, im Antrum – Typ B, sowie im ganzen Magen – Typ C (Corpus, oder chemische Gastritis, früher AB) unterscheiden.

2.2.2.3.1. Typ A: Autoimmungastritis

Sie ist häufig verbunden mit dem Nachweis von Antikörpern gegen Belegzellen. Bei perniziöser Anämie – Morbus Biermer - bestehen zudem oft Antikörper gegen das Autoantigen Intrinsic Factor. Häufig treten bei den gleichen Patienten Immunreaktionen gegen andere Selbstantigene aus der Schilddrüse, Nebennierenrinde u.a. auf. Assoziation zu anderen Autoimmunerkrankungen, wie M. Basedow, Morbus Addison, Hyperparathyreoidismus, Diabetes mellitus Typ I., sind somit klar und werden durch die basalen Mechanismen für Autoimmunität, wie HLA-Assoziationen, Molekulare Mimikry auslösender Pathogene mit Autoantigenen, sowie durch Defekte im AIRE (autoimmune regulator)-Gen erklärt werden. Letzteres ist für die transiente (vorübergehende) Expression von Selbst-Proteinen durch die medullären Thymus-Epithelzellen (mTEC) verantwortlich. Unreife T-Lymphozyten, die im Thymus Toleranz gegen Autoantigene lernen sollen, sterben durch Apoptose wenn es zur Erkennung dieser Autoantigene kommt, ein Mechanismus der als negative Selektion bezeichnet wird. Ist dieses Gen defekt, überleben autoreaktive T-Zellen und können zu kombinierten Autoimmunerkrankungen führen. Mutationen in diesem Gen kommen in Inzucht-Bevölkerungen vermehrt vor (Inselpopulationen, Gebirgstäler). Typisch gehört die Autoimmungastritis auch in diesen Formenkreis, am häufigsten kombiniert mit M. Addison wird sie auch als Addison-Anämie bezeichnet.

Eine Autoimmungastritis ist durch die chronische Entzündung ein guter Boden für Magenpolypen und das Magen-Karzinom vom intestinalen Typ (Geweberegeneration als Reparationsversuch wirkt als Tumor-Promotor, gentoxische Ereignisse durch z.B. Sauerstoffradikale aus Entzündungszellen wirken als Initiatoren). Da der Fundus für die HCl-Sekretion sowie Produktion der Pepsinogene verantwortlich ist, kommt es bei chronisch atrophischer Gastritis Typ A nach Jahren auch zu Hypochlorhydrie mit Insuffizienz der Proteinverdauung, sowie vermehrten gastrointestinalen Infekten.

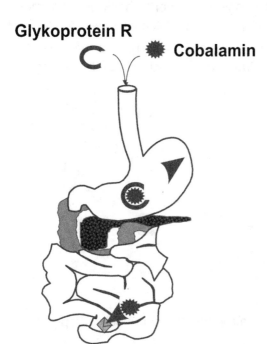

Glykoprotein R

Cobalamin

2.2.2.3.1.1. Perniziöse Anämie

Um perniziöse Anämie zu verstehen, sollte man sich den Vitamin B12 Stoffwechsel in Erinnerung rufen. Vit B12 gehört zum Vitamin B-Komplex. Es enthält Kobalt, daher der Name Cobalamin. Es wird ausschließlich in Bakterien synthetisiert und kommt vor allem in Fleisch, Eiern und Milchprodukten vor. Auch fermentierte Sojaprodukte, Meerestang und –algen (z.B. Spirulina platensis) enthalten hohe Mengen an Vit B12. Normale Mischkost beinhaltet daher ausreichend Vit B12. Strenge Vegetarier können jedoch in Mangel entwickeln. Vit B12 wird als ein wichtiges Coenzym bei DNA-

Synthesen sämtlicher Zellen benötigt. Schnell wachsende Zellen sind für Mangel stärker anfällig. Da in der Leber ein Speicher diese wichtigen Vitamins für einige Monate (~4 mg) angelegt ist, wird der Mangel verspätet klinisch wahrgenommen.

Die Aufnahme von Vit B12 (extrinsic Factor) ist abhängig von der Sekretion des Glykoproteins R aus dem Speichel, das es schützend umgibt bis es durch Pankreasenzyme abgespalten wird. Dann kann Vit B12 mit dem Intrinsic Factor (IF) aus den Parietalzellen des Magens assoziieren. Der Vit B12/IF-Komplex wird dann im terminalen Ileum über den Rezeptor Cubilin internalisiert (NB: auch für Bindung von Apolipoprotein A-I aus HDL und daher in anderer Lokalisation für Fetttransporte verantwortlich). Der Transport von Vit B12 zur Peripherie/Leber passiert mit dem Transportprotein Transcobalamin (Vit B12 im Serum: 200-640 pg/ml).

Ursachen für Vit B12-Mangel können Resorptionsstörungen aus dem Ileum (z.B. M. Crohn) oder ein seltener erblicher Defekt des Cubilin-Rezeptors (z.B. in Finnland hereditäre Megaloblastenanämie, s.u.) sein. Parasiten können Vit B12 verbrauchen, bekannte Ursache ist die Fischbandwurminfektion. Patienten mit chronisch atropher Gastritis Typ A können wegen der Schleimhautatrophie keinen IF produzieren. Ausserdem vorkommende Autoantikörper gegen Parietalzellen und/oder IF verhindern Komplexbildung und Aufnahme im Ileum. Autoantikörper Typ 1 verhindert die Bindung von Cobalamin an IF, Typ 2 die Bindung des Komplexes an den Ileum-Rezeptor

Symptome: Megaloblastenanämie: Die Reifung von Blutzellen ist gestört, unreife vergrösserte Vorstufen werden im Differentialblutbild gefunden. Erythrozyten mit unterschiedlichen Formen und Grösse (vergrössert – Megaloblasten) werden gefunden; Granulozyten mit hypersegmentierten Kernen, das Knochenmark ist hyperzellulär. Symptome sind Müdigkeit durch die Anämie und Parästhesien durch Myelinisierungsstörungen der Nerven (Funikuläre Polyneuropathie). Schleimhäute sind wegen der Zellteilungsstörungen atrophisch, typisch ist die glatte glänzende, entzündete Zunge (Hunter Glossitis), und Durchfälle können auftreten.

Die Patienten können typischerweise von Verminderung des Geschmackssinnes und Zungenbrennen berichten. Durch die atrophische Gastritis besteht eine Achlorhydrie.

Klinik der Perniziösen Anämie
schleichender Verlauf über Jahre
Müdigkeit, Blässe.
Schleimhautveränderungen:
Hunter-Glossitis (Glossitis atrophicans)
Neurologische Beschwerden (PNP):
     spastische Paresen, Parästhesien,
     Areflexien, psychotische Symptome
Megaloblastische Anämie
     (hyperchrom, makrozytär)

Diagnostik: Schilling-Test

Der Schilling-Test stellt die Fähigkeit des Körpers fest, den IF zu produzieren, bzw. Vit B12/IF aufzunehmen. Dies hängt davon ab ob 1.) IF gebildet wird und 2.) ob die Resorption funktioniert. Um beide Aspekte zu überprüfen, wird der Test in zwei Teilen durchgeführt. Zuerst wird eine bekannte Menge radioaktiv-markiertes Vitamin B12 oral appliziert, und in einem zweiten Schritt durch nicht-markiertes Vit B12 verdrängt. Es wird dann im Urin die ausgeschiedene Menge des radioaktiv markierten Vitamin B12 gemessen. In einem zweiten Schritt wird die Resorption getestet, indem der markierte Komplex Vit B12/IF appliziert wird.

Behandlung: Depot-Injektionen (i.v.) von Vitamin B12.

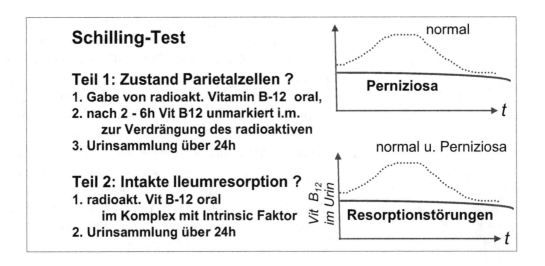

2.2.2.3.2. Typ B: Bakterielle Gastritis

Press Release:

The 2005 Nobel Prize in Physiology or Medicine
3 October 2005
The Nobel Assembly at Karolinska Institutet
has today decided to award

The Nobel Prize in Physiology or Medicine for 2005

jointly to

Barry J. Marshall & J. Robin Warren
for their discovery of
"the bacterium *Helicobacter pylori* and its role in gastritis and peptic ulcer disease"

Die chronisch atrophische Gastritis Typ B findet sich im Antrum und manchmal besteht ein galliger duodenogastraler Reflux, mit Gallensäuren sowie Lysolecithin als schädigende Agentien. Es gab schon früh Hinweise auf Assoziationen zu Magen- und Duodenalulkus, und zum Magen-Carzinom vom intestinalen Typ. Verursacher ist in 95% der Fälle Helicobacter pylori, der heute als der wichtigste Verursacher von Magenerkrankungen, von Gastritis über Ulkus bis zum Magen-Karzinom angesehen wird. Die Entdecker erhielten jüngst den Nobelpreis für Medizin.

H. pylori wird von Mensch zu Mensch übertragen, Reservoirs sind eventuell Stuben-
fliegen o.ä. Das begeisselte Bakterium ü-
berlebt die saure Umgebung des Magenlu-
mens deshalb, weil es ein Urea (Harnstoff)-
spaltendes Enzym, die Urease besitzt.

Mit dieser Urease erzeugt es aus Harnstoff
CO_2 und NH_3 bzw. HCO_3^- und $NH4^+$ und
kann so H^+-Ionen in der Umgebung selbst
abpuffern. Es adheriert spezifisch an
gastralen Epithelzellen, die es über Adhäsine erkennt, denn es besitzt ein „blood group
Ag-binding adhesin" (BabA), welches an das
Lewis(b) Carbohydrat-Antigen der Epithelzellen bindet.

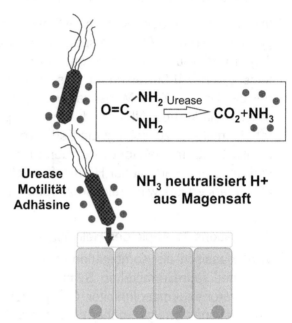

H.p. induziert eine nur schwache Immun-
abwehr, gekennzeichnet durch subakute chronische Entzündung. Im Wesentlichen sind
es diese Abwehrzellen (u.a. neutrophile Granulozyten), die durch Freisetzung freier Radikale im Rahmen des oxydative burst zu Gewebeschäden und Mutationen führen können.
Sie brechen auch die tight junctions der Epithelzellen auf und führen zu Barriere-
verlusten. Aber auch H.p. selbst trägt durch Virulenzfaktoren zu seine Adhäsion und Kolonisierung bei. Insgesamt ergibt es sich eine so genannte:

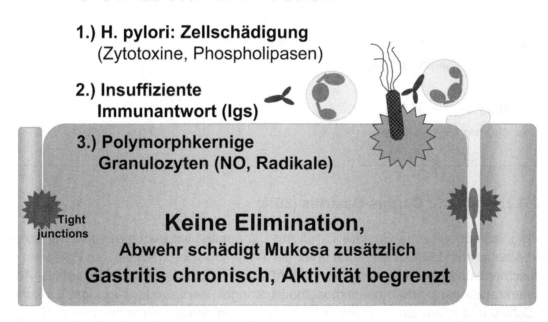

Slow bacterial infection

1.) H. pylori: Zellschädigung
(Zytotoxine, Phospholipasen)

2.) Insuffiziente
Immunantwort (Igs)

3.) Polymorphkernige
Granulozyten (NO, Radikale)

Tight
junctions

Keine Elimination,
Abwehr schädigt Mukosa zusätzlich
Gastritis chronisch, Aktivität begrenzt

Diagnose der Helicobacter pylori-Infektion

In der Histologie aus Biopsien (je 2 aus Antrum, 2 aus Korpus) kann der Keim nicht immer gefunden werden. Auch die spezifische Erreger-Kultur aus dem Magensaft muss nicht gelingen und dauert zudem lange. In der Serologie kann man IgG Antikörper gegen H.p. finden, ohne zu beweisen, ob das Bakterium noch anwesend ist. Am sichersten sind daher der Urease-Test: Magensaft wird gewonnen und daraus die Enzymreaktivität der Urease indirekt, über NH_4^- Produktion und pH-Verschiebung, gemessen. Gibt man Phenolrot als Indikator zu, schlägt die Farbe von Rot nach Lila um, wenn das Milieu in der Probe alkalisch ist. Im Atemtest wird zuerst radioaktive C^{13} – Urea oral verabreicht. Wenn H.p. vorhanden ist, wird dieser Harnstoff durch die Urease gespalten und CO_2 (das nun radioaktiv markiert ist), wird freigesetzt, resorbiert und über die Lungen abgeatmet.

Eradikations-Therapie des Helicobacter pylori

Wird klassisch als Kombinationstherapie („*Italian Triple*") durchgeführt, wobei zur Linderung der säurevermittelten Symptomatik (Schmerz, Entzündung) Säureinhibitoren (z.B. der Protonenpumpeninhibitor Omeprazol) gemeinsam mit Antibiotika gegeben werden. Eradikationen erfolgen daher nicht immer komplett, ebenso besteht ein Risiko für Reinfektion.

Eradikationsraten dreier Kombinationstherapien gegen H. pylori

2x 20 mg Omeprazol (Losec®) (Protonenpumpeninhibitor)	
2x 1000 mg Amoxicillin	
2x 500 mg Clarithromycin	96%
2x 400 mg Metronidazol	
2x 250 mg Clarithromycin	95%
2x 1000 mg Amoxicillin	
2x 400 mg Metronidazol	79%

2.2.2.3.3.   Typ C: Corpus-Gastritis (80%)

Die chronisch atrophische Gastritis C (oft mit Duodenitis) wird vorzugsweise bei chronischen Alkoholikern beobachtet, auch unter der Antiphlogistika-Therapie von Patienten mit chronisch entzündlichen Erkrankungen (z.B. M. Crohn, Colitis ulcerosa, Polyarthitis, Autoimmunerkrankungen), sowie bei Immunglobulinmangel, insbesondere von IgA. Es kommt zum Schwund der Drüsen, intestinaler Metaplasie, und das Karzinomrisiko ist erhöht. Diagnose: Endoskopisch, bioptisch. Therapie aller Gastritiden: Diät, Antiphlogistika, Antazida, Helicobacter pylori-Eradikation.

2.2.2.4. Chronische Ulkuserkrankung

Das Ulkus reicht in tiefere Wandschichten und die Muscularis mucosae ist durchbrochen. Bei der akuten Form besteht keine nennenswerte Umgebungsreaktion, sie heilt ohne wesentliche Narbe ab. Chronische Ulcera sind oft durch Narbenzüge und Randwälle charakterisiert. Die Lokalisation eines Ulcus ventriculi und duodeni ist oft an Grenzzonen zwischen säuresezernierender und nicht-säuresezernierender Mukosa, sowie in chronischer Gastritis zwischen gesunder und entzündeter Mukosa. Die Inzidenz eines U. ventriculi liegt bei 50/100.000, beim U. duodeni dreimal so hoch.

Faktoren: Helicobacter pylori und Säure

Seit der Publikation von Graham et al. im Am. J. of Gastroenterology 1990 hat man Helicobacter pylori als dominanten Auslöser von Ulcus ventriculi (60% H.p. positiv) und duodeni (90% positiv) erkannt, während früher ein Ungleichgewicht zwischen aggressiven Faktoren und defensiven Mechanismen, vermutet wurde. („Peptische Theorie" seit ca. 1910, von Hoffmann et al: Sie spricht in ihrer strengsten Form der Hypersekretion eines Magensaftes mit hohem HCl- und Pepsin- sowie niedrigem Schleimgehalt die Fähigkeit zu, die normale Schleimhaut anzudauen). Im Wesentlichen kommt auch bei der H.p. Infektion der Substanzdefekt durch kombinierte Mechanismen zustande, denn der Keim vermindert die Schutzfunktion des Epithels im Mikromilieu. Daraufhin kann auch die Salzsäure destruierend wirken. Sicher spielen auch Gallensäuren und Lysolecithin bei duodenogastralem Reflux eine Rolle, welcher bei Ulkus ventriculi vermehrt beobachtet wird. Trotzdem spielt eine Hyperazidität (hoher Säuregehalt) beim U. ventriculi eine geringere Rolle als bei U. duodeni.

Säuresekretionsanalyse: BAO / PAO

Den Säuregehalt des Magens kann man durch Langzeit-pH Messungen durch intragastrale Titration messen. Dabei bestimmt man die Säuresekretion in Ruhe (*basal acid output,*

BAO) und setzt diese der stimulierten Sekretion gegenüber (*peak acid output*, PAO). Stimuliert wird durch Gaben von Pentagastrin, eines synthetischen Derivats von Gastrin mit vielfach erhöhter Wirksamkeit auf die Säuresekretion.

Hyperazidität als Ursache für chronische Ulkuserkrankung

Ulkus duodeni: Der Keim H.p. kann im Duodenum nur ansässig werden, wenn eine gastrale Metaplasie stattgefunden hat, da er über seine Adhäsine ausschliesslich gastrotrop ist. Eine Metaplasie findet als funktionelle Adaptation statt, wenn längere Zeit übersäuerter Mageninhalt ins Duodenum einfliesst, also Hyperazidität gegeben ist.

Ein bekanntes aber seltenes Syndrom ist das *Zollinger-Ellison-Syndrom*, bei dem die Diagnose durch hyperazide Gastritis kombiniert mit rezidivierenden, therapieresistenten Ulcera ventriculi, duodeni oder sogar jejuni gestellt wird. Die Ursache sich *Gastrinome* oft im Pankreas (Gastrinspiegel bei 1000pg/ml), die in 60% maligen werden. Etwa 30% der Patienten leiden auch unter begleitender Serotonin-Überproduktion, was zu motorischer Diarrhoe führt. Das *Wermer Syndrom* ist eine multiple endokrine Neoplasie (*multiple endocrine adenopathy type I*) mit autosomal dominantem Erbgang, mit den Symptomen Pankreastumoren (Gastrinome, Glukagenome u.m.), Primärer Hyperparathyreoidismus, und Hypophysentumore (Prolaktinome, STH-Tumoren u.m.). Hypergastrinämie kommt auch als ein *paraneoplastisches Syndrom* bei manchen Tumorerkrankungen vor, beim Bronchialkarzinom z.B. findet man erhöhte Spiegel eines Gastrin-realeasing peptide (GRP). Umgekehrt kann auch verminderter Metabolismus oder Ausscheidung die Gastrinwerte relativ erhöhen, wie bei *Leberzirrhose* oder *chronischer Niereninsuffizienz*.

Familiäre Belastung

Bei einem Teil der Kranken lässt sich eine familiäre Disposition nachweisen, die für Ulcera ventriculi und Ulcera duodeni nicht identisch ist. Erkrankungen bei erblicher Anlage manifestieren sich im Durchschnitt 10 Jahre früher und verlaufen schwerer als solche ohne Familienbelastung, abgesehen von den Blutungen: diese treten in beiden Gruppe gleichermaßen auf. Unter Ulkuskranken finden sich häufiger Träger der Klasse I Moleküle HLA B5. Da HLA Moleküle in der Präsentation von Antigenen zur Immunabwehr verantwortlich sind, könnte man sich vorstellen, dass HLA-B5 weniger gut geeignet ist, H.p. Peptide an zytotoxische T-Lymphozyten zu präsentieren, eine mögliche Erklärung für die insuffiziente Immunabwehr. Weiters hat man mehr U. ventriculi bei Trägern der Blutgruppe 0 und A, sowie Nichtsekretern (Personen die Blutgruppenantigene nicht in die Drüsensekrete – auch des Magens – ausscheiden) gefunden. Die pathophysiologische Bedeutung der Beobachtung ist heute noch unklar. Im Serum ist das Dünndarm-Isoenzym der alkalischen Phosphatase nicht oder in vergleichsweise geringer Konzentration enthalten. Männer sind von Ulkusleiden etwa dreimal häufiger betroffen als Frauen.

Symptome chronischer Ulcera: Es werden gewisse Speisen individuell unterschiedlich schlecht vertragen, da sie Schmerzen und Refluxbeschwerden auslösen: saure, sehr süße und gewürzte Speisen und Getränke, erhitzte Fette, faserreiche Gemüse, frisches Brot, Kaffe und Alkohol. Beim U. ventriculi können die Schmerzen teilweise unabhängig von der Nahrungsaufnahme oder direkt nach Nahrungsaufnahme auftreten. Typisch für das U. duodeni ist der Schmerz nüchtern und nachts, der sich durch die Nahrungsaufnahme bessert (Säureneutralisation). Bei beiden Typen gibt es einen drückenden oder brennenden Schmerz im Oberbauch unterhalb des Sternums. Bei einem Teil der Patienten treten auch unspezifische Symptome wie Übelkeit oder Appetitlosigkeit auf und 10% haben keine Beschwerden, das Ulkus ist ein Zufallsbefund.

Komplikationen:

Blutungen (15-20%):	Hämatemesis, Teerstühle, Blutungsanämie
Perforationen (10%):	heftiger Oberbauchschmerz, Schock,
	Peritonitis mit abdomineller Abwehrspannung
Penetrationen (20%):	Pankreas, Dauerschmerz
Maligne Entartung	(nur bei U. ventriculi)
Pylorusstenosen (4-10%):	durch Schwellung Ulkus oder Narbenzug

Konservative Therapie der Gastritis und Ulcera:

Antazida dienen der HCl-Bindung und Neutralisation, und haben auf den Ulkusschmerz und die Heilung Effekt. Sie enthalten meist gelartige Kalzium-, Magnesium-, Wismut- und/oder Aluminiumverbindungen, z.B: Aluminium-Hydroxid, Magnesium-Hydroxid. Auch das bekannte Speisesoda (Natriumhydrogencarbonat) ist ein Säureneutralisator.

Sucralfat (ein Aluminiumhydroxid-Zucker-Komplex) gehört laut Arzneimittelindex nicht zu den Antazida. Es wirkt mehrfach protektiv: adsorbierend, zytoprotektiv, verhindert die H.p.-Adhäsion, regt die Prostaglandinsynthese an, neutralisiert auch die Magensäure, wirkt daher auch pepsininhibierend.

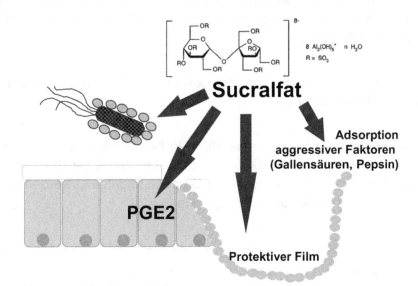

Adstringentien verdichten das kolloidale Gefüge der Mukosa: Tannin, Ag-Eiweißpräparate. Mit Wismut-hältigen Präparate werden Rollkuren gemacht, der Patient liegt nach dem Verschlucken und muss regelmässig seine Liegposition ändern um die gesamte Magenwand zu benetzen.

Radix liquiritae (Süßholz) ist ein steroidähnliches Glycosid, das auch in Lakritze vorhanden ist. Es wirkt positiv auf die Schleimsekretion und Regeneration, ist wegen seiner mineralokortikoiden Wirkung aber leider auch Na-retinierend und erhöht daher Volumen und Blutdruck. H2-Rezeptor-Blocker wie Cimetidin greifen an der Belegzelle an, wo die stimulierende Bindung von Histamin and seine Rezeptoren verhindert wird. Die neueste Substanzklasse sind Protonenpumpeninhibitoren (PPIs) wie z.B. Omeprazol, welche die Säuresekretion der Parietalzelle am direktesten und nachhaltigsten verhindern. Es werden pH Anstiege im Magenlumen über 5.0 über mehrere Tage erzielt. Da in dieser Zeit die Proteinverdauung durch Pepsin nachhaltig beeinträchtigt ist, wird empfohlen, den Patienten Magenschonkost, sowie kleinere Portionen mehrmals täglich zu geben. Rauchen verzögert den Heilungsverlauf. (Therapie Helicobacter Infektion siehe unter Gastritis)

2.2.3. Magenkarzinom

Der Magen ist über die Nahrung mit zahlreichen exogene Faktoren konfrontiert, die Mutationen und in Folge Tumorentstehung bewirken können. Bekannteste karzinogene Stoffe für den Magen sind die aromatischen Kohlenwasserstoffe (z.B. 1,2- Benzanthracen) (aus verkohlter Nahrung, Zigarettenrauch), und Nitrosamine (auch nitrierter Nahrung und Trinkwasser, Pökelsalz). (Aflatoxin aus Schimmelpilzen verursacht typischerweise Leberzellkarzinome). Weitere Wachstumsfördernde Faktoren, Tumorpromotion, ist jedoch nötig, um auch Proliferation des Malignoms zu erzielen. Alkohol spielt dabei eine grosse Rolle.

2.2.3.1. Biotransformation

Viele dieser Stoffe sind bei der Aufnahme noch nicht direkt karzinogen (Präkarzinogene), sondern werden durch den Stoffwechsel, im Besonderen durch die Biotransformation zu proximalen und ultimativen Karzinogenen, konvertiert. Dabei spielt die zelleigene Biotransformation eine wichtige Rolle.

Ziel der Biotransformation ist es, apolare Metaboliten zu polarisieren und damit wasserlöslich und ausscheidbar zu machen.

In der Phase-I-Reaktion spielt CytochromP450 (ein Enzymkomplex) eine wichtige Rolle. CytochromP450 kann Metaboliten reaktionsfreudiger und damit gefährlicher machen, als sie es ursprünglich waren, indem kleine polare Gruppen angehängt werden, z.B. Hydroxylionen (OH-), es entstehen Hydroxide oder Epoxide.

Der aromatische Kohlenwasserstoff 1,2-Benzanthracen wird durch Epoxydierung zum Karzinogen

1,2-Benzanthracen   Epoxyd

Umwandlung von Nitriten in Karzinogene

$$\underset{\text{Sek. Amin}}{\overset{R1}{\underset{R1}{\diagdown}}\!\!NH} + \underset{\text{Nitrit}}{HNO_2} \longrightarrow \underset{\text{N-Nitrosamine: \textbf{Präkanzerogen}}}{\overset{R1}{\underset{R1}{\diagdown}}\!\!N\text{-}N = O} + H_2O$$

$$\underset{CH_3}{\overset{CH_3}{\diagdown}}\!\!N\text{-}N{=}O \xrightarrow{P450} \underset{CH_3}{\overset{CH_2\text{-}OH}{\diagdown}}\!\!N\text{-}N = O \curvearrowright HCHO$$

Bindung an DNA, RNA, Proteine ← CH_3 N_2 OH^- ← $H_3C - N = N - OH$

Ultimatives Canzerogen

Die 1. Phase wird daher auch Giftungsreaktion genannt.

In der Phase-II-Reaktion hängen Transferasen grössere Gruppen an die Zwischenmetaboliten, um deren Löslichkeit weiter zu erhöhen (z.B. Gluthathion-, Glukuronyl-, Sulfonyl-Reste durch die entsprechenden Transferasen). Die Metaboliten sind nach der zweiten Phase der Biotransformation endgültig wasserlöslich und können damit ausgeschieden werden (Entgiftungsreaktion).

Andauernd erhöhten Anfall von Metaboliten können die Transferasen allerdings nicht auffangen, dann kann es zu Reaktionen mit körpereigenen Proteinen oder eben auch der DNA kommen. Entstandene Mutationen verursachen Lesefehler bei der Transkription und damit missgebildete Proteine oder einen kompletten Ausfall des Produktes. Handelt es sich um Mutationen in Tumorsuppressorgenen (wie p53) sind die Folgen besonders schlimm, denn das zelluläre Wachstum geschieht dann unkontrolliert – Tumorinitiation ist geglückt. Mutationen in diesen Genen können auch erblich erworben sein und stellen damit die endogene Basis für Tumorentstehung dar.

Inzidenz: Das Magen-Carzinom stellt 20% aller Karzinome dar. Besonders häufig kam es in Japan vor, wo vermehrt Pökelfisch verzehrt wird, daher wurden hier verpflichtende Screenings mittels Gastroskopie zur Frühdiagnose eingeführt. In Bolivien stirbt jeder 2. an Magen-Karzinom, die Ursache sind hier extrem hohe Nitritwerte im Trinkwasser.

Weitere Risikofaktoren für Magenkarzinome

➤ M. Menetrier (Riesenfaltengastritis), hyperplasiogene Magenpolypen

➤ Tubuläre, villöse Adenome

➤ Borderline lesion (Dysplasie III)

➤ post Billroth I, II: 2 - 4 faches Risiko

> ➢ Männer 2x so häufig, Altersgipfel bei 50-60 Jahren. Verwandte erkranken 4x häufiger!
>
> ➢ Blutgruppe A
>
> ➢ Helicobacter pylori Infektion: 90% der Magen-Karzinome sind H.p. positiv.

2.2.3.2. Helicobacter und Magen-Karzinom

Helicobacter pylori und Magenkarzinom

Direkt Mutagene Wirkung
1.) stellt aus Urea Ammoniak her - andauernde N-Quelle
  für Bildung von Nitrosoverbindungen

2.) verbraucht Vitamin C, das als Anti-Oxidans wirkt

  Anti-Oxidans Wirkung von Vit.C:
  Vit C lässt sich durch Peroxid-Radikale (R-O-O.)
  oxidieren. Dabei werden letztere als
  Hydroperoxide (R-O-**OH**) entschärft

Tumorpromovierend durch chronische Entzündung

Auch beim primären Magen-Lymphom spielt H.p. eine wichtige Rolle: Durch die chronische Entzündung entstehen lymphatische Aggregate und Lymphfollikel, damit ist die Basis für MALT-Lymphome gegeben. Nach H. pylori Eradikation kommt es zur Rückbildung niedrig maligner MALT-Lymphome

Pathologie

Magenkarzinome sind zu 80% Adenokarzinome. Der intestinale Typ entwickelt sich bevorzugt auf dem Boden der chronisch atrophischen Gastritis mit intestinaler Metaplasie. Er häuft sich daher bei verstärkter Exposition gegen schleimhautschädigende, umweltbedingte Noxen sowie mit zunehmendem Lebensalter.

Der diffuse Typ ist im Gegensatz zum intestinalen Typ eher genetisch determiniert, von entzündlichen Schleimhautläsionen unabhängig und häufiger in jüngeren Lebensjahren. Die Prognose dieser Kranken ist schlechter.

Lokalisationen des Magen-Carzinom

Das Magenfrühkarzinom ist in ca. 50% im Fundus/Korpus und 25% im Antrum lokalisiert, das Fortgeschrittene Karzinom zu 10% im Kardia-Fundus-Bereich, 25% im Korpus, aber 60% im Antrum.

Diagnostik:

Klinik: auffällige Kachexie und bei 1 von 3 Patienten tastbarer Tumor im Oberbauch. Endoskopie: Probeexzision und Histologie. Im Röntgen in der Doppelkontrastuntersuchung sind evtl. Ulzerationen, Polypen durch Füllungsdefekte sichtbar.

STAGING: TNM Klassifikation

T	Primärtumor
T x	Primärtumor nicht beurteilbar
T 0	kein Hinweis auf Primärtumor
T 1	Tumor infiltriert Lamina propria mucosae bis Submucosa
T 2	Tumor infiltriert Muscularis propria oder Subserosa
T 3	Tumor penetriert Serosa ohne Einwachsen in benachbarte Strukturen
T 4	Einwachsen in benachbarte Strukturen und Organe
N	regionäre Lymphknoten
N x	Lymphknoten nicht beurteilbar
N 0	keine regionalen Lymphknotenmetastasen
N 1	Lymphknotenmetastasen um Magen, innerhalb 3 cm vom Primärtumor
N 2	Lymphknotenmetastasen um Magen, weiter als 3 cm vom Primärtumor
M	Fernmetastasen
M x	Fernmetastasen nicht beurteilbar
M 0	keine Fernmetastasen
M 1	Fernmetastasen

infiltrativ: Wandstarre   ulzerös: Nischen   tumorös: Füllungsdefekte

Sonographie: Tumorgrösse, Lebermetastasen, Lymphknotenmetastasen. Staging mittels Endosonographie.

Symptome treten spät auf (Magenfrühkarzinome sind nur durch Gastroskopie erkennbar – Vorsorgeuntersuchungen!). Der Patient hat untypische dyspeptische Symptome wie Inappetenz, Abneigung gegen Fleischspeisen, abhängig von der Lokalisation evtl. Dysphagie, Neigung zu Erbrechen. Typisch sind rasanter Gewichtsverlust und extreme Müdigkeit und Tumoranämie. Als Paraneoplasie tritt Acanthosis nigricans auf, eine Schwarzfärbung der Haut am Hals und unter den Achseln (Intertrigoareale). Es handelt sich um eine durch Differenzierungsstörung der Haut- und Schleimhäute hervorgerufene Hyperpigmentierung, samtartige Hautverdickung, mit vergröbertem warzenähnlichem Hautrelief.

Therapie: Kurative Operation durch Gastrektomie, Lymphknotenresektionen, und benachbarter Organe je nach Ausdehnung. Alternativ Palliative Tumoroperationen zur Verhinderung/Beseitigung von Komplikationen. Magen-Karzinome sind nur mässig chemotherapiesensibel, trotzdem mittlere Überlebenszeit bei 5-8 Monaten.

3.   Intestinum

3.1. Anatomie und Histologie des Dünndarmes

Duodenum: 25 cm, Jejunum: 2,5 m, Ileum: 3,5 m

Die Schleimhaut des Dünndarms ist so strukturiert, dass eine maximale Resorptionsfläche entsteht. Die Oberflächenvergrößerung entsteht in der ersten Stufe durch zirkuläre Schleimhautfalten (Ring- oder Kerckring-Falten). Die etwa 1 mm hohen Zotten stellen den zweiten Vergrößerungsfaktor dar. Das Epithel der Zotten besteht vorwiegend aus Epithelzellen, die hier Enterozyten genannt werden, zwischen denen vereinzelt schleimproduzierende Becherzellen eingestreut sind. Die Enterozyten tragen an der lumenständigen Seite dicht beieinanderstehende Mikrovilli, wodurch eine weitere Oberflächenzunahme zustande kommt. Auf diese Weise ist die lumenbegrenzende Oberfläche um den Faktor 600 vergrößert; sie beträgt für den Dünndarm insgesamt etwa 200 m^2.

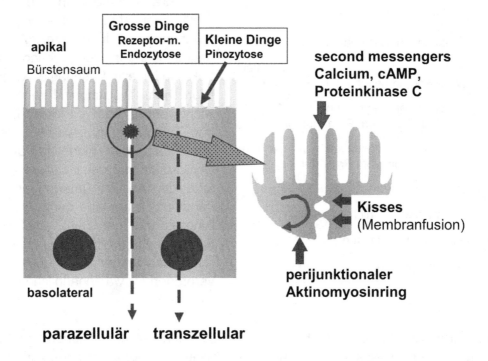

Dem gegenüber steht die Barrierefunktion, die im Wesentlichen durch enge Zellverzahnung garantiert wird, die Tight junction (Zonula occludens). Dabei verknüpft ein Schlussprotein – Okkludin die benachbarten Zellen und formiert die Tight junction. Interessant ist, dass diese Verbindung eng mit dem Zytoskeleton kooperiert, Signale aus der Zelle (second messengers) steuern die Tight junctions, die daher auch aktiv geöffnet werden können. Manche Bakterien nützen das für ihre Invasion aus. Im Normalzustand können jedoch nur wenige Angström grosse Ionen und Wasser „parazellulär", also zwischen den Enterozyten durch, z.B. 90% der Na$^+$-Ionen gehen den parazellulären Weg. Für Nährstoffe oder Antigene gibt es je nach Grösse die Möglichkeit der Pino-, Makro- oder Mikropinozytose, oder den Rezeptor-vermittelten Transport (siehe auch Vit B12). Gerichteter Transport ist oft energieabhängig, wie beispielsweise für Glukose.

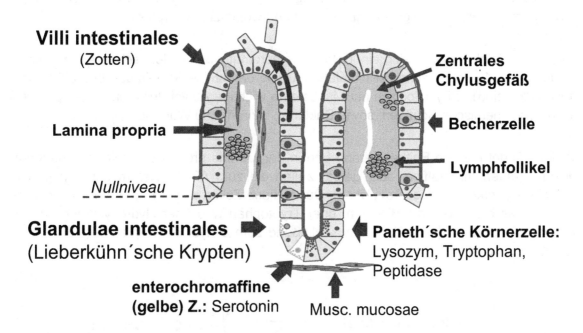

Villi intestinales
(Zotten)

Zentrales Chylusgefäß

Lamina propria

Becherzelle

Lymphfollikel

Nullniveau

Glandulae intestinales
(Lieberkühn´sche Krypten)

Paneth´sche Körnerzelle:
Lysozym, Tryptophan, Peptidase

enterochromaffine (gelbe) Z.: Serotonin

Musc. mucosae

Dicht unter dem Epithel liegt ein engmaschiges Kapillarnetz, das der Versorgung der Zotten und vor allem der Aufnahme der resorbierten Stoffe dient. Im Zentrum jeder Zotte findet sich ein Lymphgefäß, durch das die Darmlymphe (Chylus) geleitet wird. Zwischen den Zotten senken sich tubuläre Krypten in die Tiefe, deren sekretorische Anteile als Lieberkühn-Drüsen bezeichnet werden. Für das Duodenum charakteristisch sind die Brunner-Drüsen (Glandulae duodenales), die ähnlich wie die Pylorusdrüsen aufgebaut sind und Schleim und Verdauungsenzyme produzieren.

Im Ileum werden die Schleimhautfalten spärlicher, die Zotten sind gedrungener, und die Zahl der Becherzellen nimmt erheblich zu. In der Schleimhaut des Ileum finden sich Ansammlungen lymphatischen Gewebes (Lymphfollikel, Peyer´sche Platten, *Peyer´s patches*). Sie sind Teil des MALT-System (*mucosa associated lymphoid tissue*), das hier GALT (*gut associated lymphoid tissue*) genannt wird.

Das Dünndarmepithel gehört zu den Geweben mit der höchsten Teilungs- und Umsatzrate im Körper. Die noch undifferenzierten Zylinderzellen wandern vom Regenerationszentrum am unteren Drittel der Krypten in 24-36 Std. zur Zottenspitze. Sie reifen auf diesem Wege, entwickeln dabei die für die Resorption spezifischen Enzyme und Transportsysteme (Carrier) und werden so zu den resorbierenden Enterozyten des Dünndarms. Die Resorption der Nahrungsbestandteile findet vorwiegend in der Zottenspitze statt, während die sekretorischen Aktivitäten in den Krypten lokalisiert sind. Nach 2-5 Tagen werden die Zellen an der Zottenspitze abgestoßen und durch neue ersetzt. In diesem Zeitraum erneuert sich somit die gesamte Darmoberfläche.

Die M-Zellen über den Peyer´schen Platten gehen aus Enterozyten hervor, indem B-Lymphozyten Differenzierungsstimuli aussenden. Ebenfalls aus den Enterozyten entstehen die schleimbildenden Becherzellen (*goblet cells*). Besonders IL-13 Stimulation in Erkrankungen, die durch TH_2-Lymphozyten-dominierte Immunantworten geprägt sind, spielen bei der Gobletzell Differenzierung und deren Vermehrung eine Schlüsselrolle. Intestinale Wurminfektionen rufen eine Aktivierung der TH_2-Lymphozyten mit Interleukin-13 (IL-13) Sekretion hervor, gefolgt von IgE-Bildung und Gobletzellhyperplasie.

(NB: Ganz ähnlich erklärt sich ein Teil der Symptomatik beim allergischen Asthma bronchiale, wo IL-13 über Becherzellstimulation für die bronchiale Schleimüberproduktion verantwortlich sind). Physiologisch hat Mukus eine wichtige Abwehrfunktion gegen physikalische und chemische Schäden, sowie Bakterien-, Viren- und Wurmadhäsion.

Weiters findet man im Epithelverband und in der Lamina propria verschiedene neuroendokrine (enterochromaffine, oder gelbe) Zellen die zum APUD-System gehören (*amine precursor uptake and decarboxylation*). Durch diese Zellen wird z.B. aus der Aminosäure Histidin das biogene Amin Histamin, oder Tryptophan wird über Hydroxylierung zum 5-Hydroxy-Tryptophan (5-HTP), und anschließend zum 5-Hydroxy-Tryptamin (5-HT, Serotonin) decarboxyliert.

Neuroendokrine Zellen können Serotonin, Gastrin, Sekretin, Somatostatin, VIP, Enteroglukagon und Cholezysteokinin produzieren.

An der Immunabwehr sind die Paneth'schen Körnerzellen an der Kryptenbasis beteiligt, deren Herkunft man heute noch nicht kennt. Sie enthalten eine Peptidase, $\alpha-$ und $\beta-$Defensine (antimikrobielle Polypeptide), IgG und IgA Immunglobuline (Zweck unbekannt), sowie Lysozym (siehe mukosale Immunität).

3.2. Verdauung

3.2.1. Transportprinzipien

Diffusion

Unter freier Diffusion versteht man den Transport gelöster Teilchen aufgrund ihrer thermokinetischen Energie. Voraussetzung für den Ablauf einer gerichteten Teilchenbewegung ist dabei das Bestehen eines Konzentrationsgradienten, d.h. einer Konzentrationsdifferenz pro Wegeinheit. Die gelösten Teilchen kollidieren aufgrund der Brown-Molekularbewegung nach statistischen Gesetzen miteinander, wobei jedoch die Zahl der Zusammenstöße in Richtung der abnehmenden Konzentration geringer ist als in allen anderen Richtungen des Raums. Auf diese Weise findet eine Teilchenbewegung vom Ort der höheren zum Ort der niederen Konzentration so lange statt, bis ein Konzentrationsausgleich erreicht ist.

Erleichterte Diffusion = aktiver Transport:

Bei *facilitated diffusion* wird der Transportprozess durch einen Konzentrationsgradienten angetrieben, dessen Geschwindigkeit jedoch durch membranständige oder frei bewegliche Transportvermittler erhöht wird. In die Zellenmembran (Plasmamembran) sind Proteine integriert, die eine solche diffusionsbeschleunigende Funktion haben. Diese als Kanäle und *carrier* (transmembrane Tunnelproteine) bezeichneten Proteine erleichtern den Durchtritt bestimmter Stoffe durch die Membran.

Gegen die Konzentration erfolgt der Transport energieabhängig: Na^+-, K^+-, Ca^{2+}-, H^+-Ionen, Zucker, Aminosäuren.

Osmose:

Bei der Osmose erfolgt ein Lösungsmitteltransport durch eine semipermeable Membran, die zwei Lösungen unterschiedlicher Teilchenkonzentration trennt. Dabei wandern die Lösungsmittelmoleküle durch die für gelöste Teilchen undurchlässige Membran in Richtung der höheren Teilchenkonzentration, bis ein Konzentrationsausgleich erreicht ist.

H_2O

Osmotische Arbeit

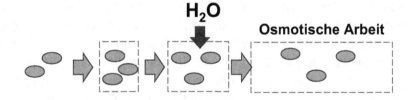

3.2.2. Kohlenhydratverdauung

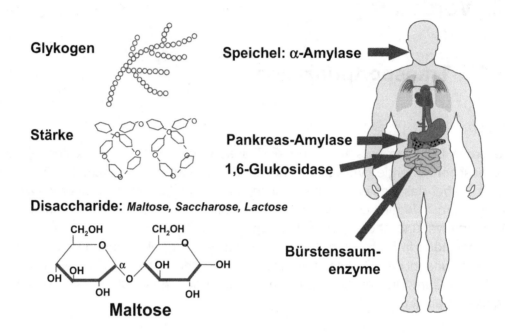

Nahrung enthält Stärke, Glykogen, Saccharose, Laktose, Monosaccharide.

Maltose besteht aus zwei Molekülen Glukose, wird bei der alkoholischen Gärung einge-setzt und findet sich z.B. in Bier.

Saccharose (Rohrzucker, Rübenzucker, „Zucker"): Bestehend aus Glukose und Fruktose. Durchschnittlich werden etwa 100g Zucker/Kopf/Tag aufgenommen. Das entspricht etwa 15-20% des Nährstoffbedarfs.

Laktose (Milchzucker): Bestehend aus Glukose und Galaktose, ist es das mengenmäßig weitaus bedeutsamste Kohlenhydrat der Milch und damit das praktisch einzige Kohlen-hydrat, das der Säugling mit der Nahrung erhält. Laktose ist für die Ausbildung und Auf-rechterhaltung einer geeigneten Darmflora des Säuglings wichtig und fördert außerdem die Kalziumresorption.

Die Verdauung der Kohlenhydrate erfolgt zuerst durch Amylasen und beginnt bereits im Speichel. Der optimale pH-Wert für die α-Amylasen liegt bei 6,7-6,9. Die Speichelamylase kann bereits bis zu 50% der Stärke spalten. Die Endprodukte der Amylosespaltung sind Maltose und Maltotriose. Die verzweigten Amylopektine liefern vorzugsweise die sog. α-Grenzdextrine und Maltotriose. Die α-Amylasen des Speichels und des Pankreassekretes spalten im Stärkemolekül die α-1,4-Bindung. (NB: Zellulose weist eine β-1,4-glykosidische Verknüpfung ihrer Glukose-Bausteine auf und wird deshalb von der α-Amylase nicht ver-daut. Die Zellulosespaltung erfolgt teilweise durch bakterielle Glukosidasen im Kolon).

Im Duodenum läuft die Stärkeverdauung außerordentlich schnell ab, da Pankreasamylase im Überschuss gebildet wird.

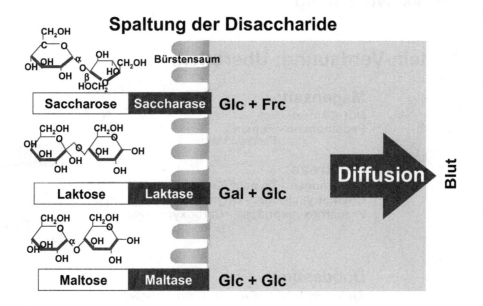

Da Kohlenhydrate nur in Form von Monosacchariden resorbiert werden können, muss durch in der Bürstensaummembran lokalisierte Disaccharidasen eine weitere hydrolytische Spaltung der entstandenen Oligosaccharide erfolgen. Die Konzentration dieser Bürstensaumenzyme ist am höchsten im Jejunum, geringer im Duodenum und Ileum. Die Spaltung der α-1,6-glykosidischen Bindungen erfolgt durch die 1,6-Glucosidase, die ebenfalls im Bürstensaum lokalisiert ist. Synonyme: Isomaltase, Isomaltase-Saccharase, Amylo-1,6-Glucosidase, oder *debranching enzyme*, weil sie verzweigte Neben-Ketten am Glykogen abschneidet.

Monosaccharide werden in einem Cotransporter-Mechanismus in die Enterozyten aufgenommen. Dies geschieht in einem Symport, der nur indirekt Energie verbraucht, weil der Natriumgradient durch die energieverbrauchende Na^+/K^+-ATPase erhalten werden muss. Wasser folgt der Glucose massiv nach.

Aufnahme der Monosaccharide:
Cotransport mit Na$^+$

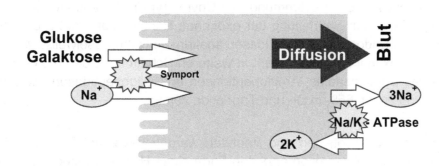

Nach zellulärer Passage erfolgt der Abtransport der Einfachzucker über das Blut Richtung Pfortader.

3.2.2.1. Proteinverdauung

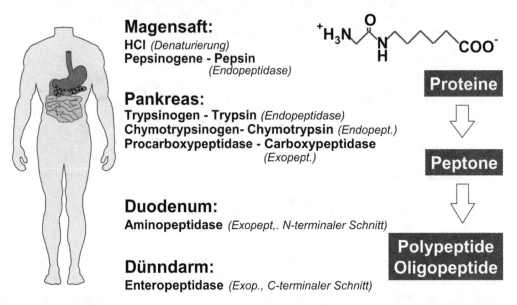

Im Magen werden Proteine zunächst durch die Salzsäure denaturiert, sofern eine Denaturierung nicht bereits bei der Speisenzubereitung erfolgt ist. Denaturierung bedeutet Aufknäuelung der Proteinkette und Verlust der 3-dimensionalen Struktur damit Enzyme besser angreifen können. Je nach der Schnittstelle am Protein unterscheidet man Enzyme, die Endopeptidasen sind, also innerhalb der Kette schneiden, Exopeptidase, die vom Rand der Proteinkette her beginnen zu arbeiten, und unter den letzteren unterscheidet man wieder solche, die am N- (Amino-)Terminus oder am C- (Carboxy-) Terminus beginnen.

Pepsine sind Endopeptidase, die als unreife Pepsinogene produziert werden, nur durch den sauren Magensaft werden sie bei einem pH Optimum zwischen 1,5 und 2,5 aktiviert. Die Bildung der Pankreaspeptidasen setzt 10-20 Minuten nach dem Essen ein und bleibt bestehen, solange sich Proteine im Darm befinden. Ein Teil der Enzyme wird mit dem Stuhl ausgeschieden. Auf der Bestimmung der Chymotrypsinkonzentration im Stuhl beruht eine Labormethode zur Beurteilung der exokrinen Pankreasfunktion. Die im Pankreassekret enthaltenen Endo- und Exopeptidasen spalten die Nahrungseiweiße vor allem zu Oligopeptiden mit maximal 8 Aminosäuren. In weiteren Schritten werden die Oligopeptide durch Enzyme des Bürstensaums, Aminopeptidasen und Oligopeptidasen, zu etwa 35% in Aminosäuren und zu ca. 65% in Di- und Tripeptide zerlegt.

Nach der Hydrolyse von Proteinen und Peptiden werden bevorzugt Di- und Tripeptide rasch aufgenommen. Die Resorption erfolgt in Form eines H^+-Co-Transportes. An den Epithelzellen werden Di- und Tripeptide durch die Entero- und Aminopeptidasen zu L-Aminosäuren hydrolysiert, die durch erleichterte Diffusion in einem Symport mit Natrium aufgenommen werden und durch Diffusion über die basolaterale Membran in das Interstitium Richtung Pfortader gelangen. Es handelt sich um einen sekundär aktiven Transport, der nicht direkt Energie verbraucht, sondern abhängig von der Aktivität der Na^+/K^+-ATPase ist, die den Konzentrationsgradienten aufrecht hält.

Aufnahme von Polypeptiden und Aminosäuren

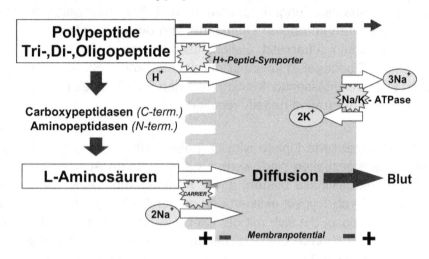

3.2.3.　Fettverdauung

Fettdigestion: Überblick

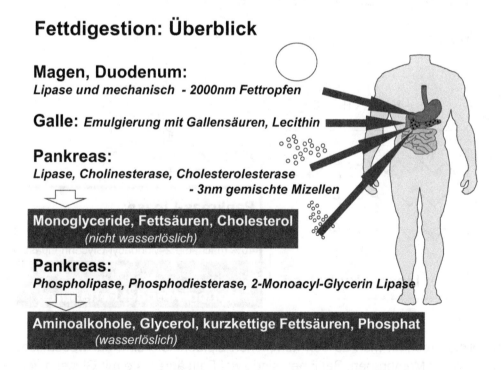

Magen, Duodenum:
Lipase und mechanisch - 2000nm Fettropfen

Galle: *Emulgierung mit Gallensäuren, Lecithin*

Pankreas:
Lipase, Cholinesterase, Cholesterolesterase
　　　　　　　- 3nm gemischte Mizellen

Monoglyceride, Fettsäuren, Cholesterol
(nicht wasserlöslich)

Pankreas:
Phospholipase, Phosphodiesterase, 2-Monoacyl-Glycerin Lipase

Aminoalkohole, Glycerol, kurzkettige Fettsäuren, Phosphat
(wasserlöslich)

Zur Fettverdauung müssen die Nahrungslipide zunächst im wässrigen Chymus fein emulgiert werden. Die im Magen grob verteilen Fette werden bei alkalischem pH-Wert des Dünndarms in Gegenwart von Proteinen, bereits vorhandenen Fettabbauprodukten, Lecithin und Gallensäuren sowie durch das Einwirken von Scherkräften zu einer Emulsion mit einer Tröpfchengrösse von 0,5-1,5 µm umgewandelt.

Die enzymatische Spaltung der Fette beginnt bereits im Magen durch Einwirkung einer säurestabilen Lipase aus den Zungengrunddrüsen und den Hauptzellen der Magenmukosa. Langkettige Fettsäuren im oberen Dünndarm sind der adäquate Reiz für die Freisetzung von Cholezystokinin (übersetzt Gallenblasen-Beweger, Synonym Pankreozymin) aus den I-Zellen der Duodenalschleimhaut mit nachfolgender Stimulation der Pankreasenzymsekretion und Gallenblasenkontraktion. Aus den S-Zellen des Dünndarmes stammt Sekretin, das die Magensekretion negativ reguliert.

Die vom Pankreas sezernierte Lipase wird in großem Überschuss gebildet, so dass ca. 80% des Fetts bereits gespalten sind, wenn es den mittleren Abschnitt des Duodenums erreicht hat. Die Pankreaslipase besteht aus 2 Komponenten: einer Co-Lipase, die aus einer *Pro*-Co-Lipase durch Trypsin aktiviert und an der Öl-Wasser-Grenze der Mizellen fixiert wird, sowie der Lipase, die sich mit der Co-Lipase zu einem Komplex verbindet. Bei der nun einsetzenden Hydrolyse der Triglyceride werden die Fettsäurenreste an C1 und C3 abgespalten, so dass ein 2-Monoacylglycerol entsteht. Eine vollständige Hydrolyse unter Freisetzung des dritten Fettsäurenmoleküls und Glycerol findet nur in geringem Masse statt.

Fettdigestion: Triglyceride

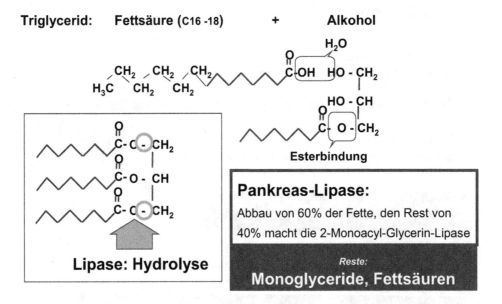

Phospholipide rechnet man zu den komplexen Lipiden. Sie sind die wesentlichen Strukturelemente der Membranen. Bei ihnen sind zwei Fettsäurereste mit Glycerin verestert. Je nach Molekülrest, der über Phosphat an die dritte Hydroxylgruppe des Glycerins gekoppelt ist, unterscheidet man zwischen den Phosphatiden, den Plasmalogenen und den Sphingolipiden. Daher muss es neben der Lipase auch noch andere lipidspaltende Pankreasenzyme geben, die ebenfalls durch Trypsin aktiviert werden. Die Phospholipase A spaltet in Anwesenheit von Ca^{2+} und Gallensäuren eine Fettsäure aus dem Phospholipid

Lecithin ab, wodurch Lysolecithin entsteht. Die in der Nahrung vorhandenen Cholesterinester werden durch eine Cholesterinesterase in Cholesterin und freie Fettsäuren gespalten.

Fettdigestion: Phospholipide

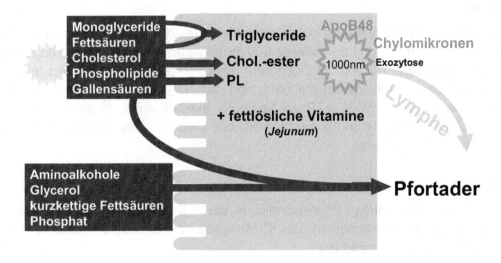

Phospholipasen

$H_2C - O$

Lecithin (*Phosphatidylcholin*)

$H_2C - C$ P $O - CH_2 - CH_2 - N - CH_3$

$O - CH$

CH_3

CH_3

Phosphodiesterasen

Wasserlösliche Reste:
Aminoalkohole, Glycerol,
kurzkettige Fettsäuren, Phosphat

Damit entstehen wasserlösliche Reste, die direkt absorbiert werden können. Zum Teil sind wasserunlösliche Komponenten aber immer noch in Mizellenform vorhanden, wenn sie an den Enterozyten ankommen. Hier werden sie wieder zu Triglyceride und Cholesterolestern verestert, aufgenommen und in den Zellen in Chylomikronen verpackt. Diese bekommen als Erkennungsmerkmale für andere Zellen auch Apolipoproteine mit.

Aufnahme der Fette

Monoglyceride
Fettsäuren
Cholesterol
Phospholipide
Gallensäuren

Triglyceride

Chol.-ester

PL

ApoB48

Chylomikronen

1000nm **Exozytose**

Lymphe

+ fettlösliche Vitamine
(*Jejunum*)

Aminoalkohole
Glycerol
kurzkettige Fettsäuren
Phosphat

Pfortader

Besonders wichtig ist ApoB48, ohne das eine Ausschleusung aus den Zellen gar nicht erfolgen kann. Patienten mit einem Defekt dieses Apolipoproteins leiden an Verfettung der Enterozyten sowie Hypolipidämien. Chylomikronen nehmen ihren Weg über das zentrale Chylusgefäss in die Lymphe.

3.2.4.   Absorption von Elektrolyten

Die für den Resorptionsprozess erforderliche große Oberfläche ist im Dünndarm durch die Ausbildung von Falten, Zotten und Mikrovilli gewährleistet. In bestimmten Darmabschnitten erfolgt der Stoffaustausch bis zu 90% auf parazellulärem Weg, wobei osmotische, hydrostatische oder elektrochemische Gradienten den Transport antreiben. Die Durchmesser der Poren in den *tight junctions* und damit die passive Permeabilität des Epithels nehmen im Intestinaltrakt von proximal nach distal ab.

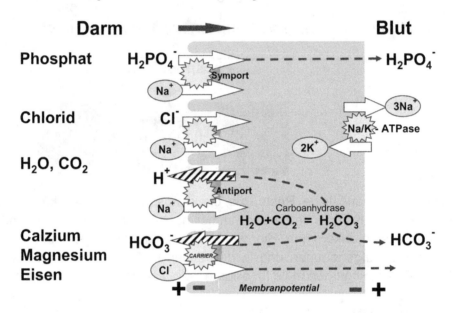

Absorption von Elektrolyten

Na$^+$-Resorption

Von den täglich mit der Nahrung aufgenommenen 100-200 mmol Na$^+$ und den mit den Sekreten in den Darm gelangten weiteren 600 mmol verlassen nur 5 mmol den Körper mit dem Stuhl. Der größte Teil wird im Dünndarm resorbiert (ca. 85%), der Rest (etwa 15%) im Kolon. Bei den verschiedenen Mechanismen des Na$^+$-Transports in den Enterozyten ist stets die basolaterale Na$^+$/K$^+$-ATPase die primär-aktive Pumpe, da sie einen in die Zellen gerichteten Na$^+$-Gradienten aufrechterhält, der wiederum als treibende Kraft für sekundär-aktive Transport wirkt.

K$^+$-Resorption

im Jejunum und Ileum erfolgt im Wesentlichen durch Diffusion auf parazellulärem Weg aus dem Lumen in das Interstitium. Bei K$^+$-Mangelzuständen wird im Kolon K$^+$ teilweise von den Zottenepithelien resorbiert.

Cl$^-$-Resorption

Sie erfolgt im Dünndarm überwiegend passiv über die tight junctions im Zusammenhang mit dem Transport gelöster Substanzen (*solvent drag*) und aufgrund der transepithelialen Potentialdifferenz. Im Kolon mit seinen dichteren Schlussleisten wird Cl$^-$ nur noch teilweise parazellulär, bevorzugt über einen sekundär-aktiven HCO_3^-/Cl^--Antiporter, aufgenommen. Das auf diese Weise sezernierte HCO_3^- dient der Bindung von H^+ aus kurzkettigen organischen Säuren, die beim bakteriellen Abbau unverdaulicher Kohlenhydrate entstehen.

Bikarbonat (HCO_3^-)

Bikarbonat wird im Duodenum, Ileum und Kolon in das Darmlumen sezerniert. Im Jejunum findet dagegen eine HCO_3^--Resorption statt. Das im Chymus enthaltene Bikarbonat kann unter Einwirkung der in den Mikrovilli lokalisierten Carboanhydratase z.T. in CO_2 umgesetzt werden. Dadurch steigt der CO_2^-– Partialdruck im Lumen bis auf 300 mm Hg an, so dass CO_2 in die Zelle diffundiert. Im Enterozyten entsteht unter Einwirkung der Carboanhydratase erneut HCO_3^-, das anschließend im Austausch gegen Cl- an die interstitielle Flüssigkeit abgegeben wird. Der Darm ist daher ein Regulator des Säurebasenhaushaltes. Bei Diarrhoen kann Bikarbonat verloren werden und zur Azidose führen.

Wasserresorption

Durchschnittlich 9 l Flüssigkeit passiert täglich den Dünndarm. Davon stammen etwa 1,5 l aus der Nahrung und ca. 7,5 l aus den Sekreten der Drüsen und des Darms. Über 85% davon werden im Dünndarm resorbiert, etwa 55% im Duodenum und Jejunum sowie 30% im Ileum. Der Rest wird vom Dickdarm aufgenommen, so dass nur ca. 1% mit dem Stuhl zur Ausscheidung gelangt. Die Wasserbewegung durch die Schleimhaut erfolgt passiv, durch *solvent drag*. Die Durchlässigkeit der Schleimhaut für Wasser ist im oberen Dünndarm relativ groß, so dass Abweichungen der Osmolarität des Chymus von der des Plasmas im Duodenum in wenigen Minuten ausgeglichen werden.

Resorption von Ca2+, Phosphat und Mg2+

Etwa 1g Ca^{2+} wird täglich vor allem in Form von Milch und Milchprodukten aufgenommen. Aus solchen Ca^{2+}-Proteinaten werden bei saurem pH-Wert im Magen Ca^{2+}-Ionen freigesetzt, die lediglich zu etwa 30% im oberen Dünndarm zur Resorption gelangen; der Rest wird mit den Fäzes ausgeschieden.

Etwa 1g anorganisches Phosphat (HPO_4^-, $H_2PO_4^-$) wird täglich im Dünndarm über einen $2Na^+$/Phosphat-Symporter in der luminalen Membran resorbiert. Calzitriol steigert die Aktivität dieses Transportsystems und fördert somit die Phosphataufnahme. An der basolateralen Membran wird Phosphat über einen Kanal passiv ins Interstitium transportiert.

Die Absorption von Magnesium erfolgt im gesamten Dünndarm, hauptsächlich im Ileum. Der mit Gallenflüssigkeit, Bauchspeichel- und Darmsaft sezernierte Anteil wird fast vollständig reabsorbiert, so dass der größte Teil des Magnesiums im Stuhl dem nicht absorbierten Nahrungsmagnesium entstammt. Überschüssig aufgenommenes Magnesium wird in erster Linie durch die Nieren ausgeschieden. Die Regulierung erfolgt im Nierentubulus.

Eisenresorption

In der täglichen Nahrung sind 10-20 mg Eisen enthalten, wovon etwa 5% bzw. 10% im oberen Dünndarm resorbiert werden. Bei Eisenmangel können 25% des Nahrungseisens aufgenommen werden. Eisen wird ausschließlich in der Ferro (Fe^{2+})-Form resorbiert. Da ein Grossteil des Nahrungseisens in der Ferri (Fe^{3+})-Form vorliegt, muss es nach Freisetzung aus der Nahrung im sauren Milieu des Magens erst zur zweiwertigen Form reduziert werden. Hierzu dienen reduzierende Substanzen in der Nahrung (z.B. Vitamin C, SH-Gruppen in Proteinen). Eisen wird an ein Rezeptorprotein in der luminalen Zellmembran gebunden, das zusammen mit intrazellulären eisenbindenden Proteinen die Resorption reguliert. In den Enterozyten wird Eisen dicht unterhalb der Bürstensaum-Membran an mukosales *Transferrin* gebunden, an der basolateralen Membran durch Vermittlung eines Transferrinrezeptors schnell auf das Plasma-Transferrin übertragen und von diesem auf dem Blutweg zu den Zielzellen gebracht. Überschüssiges Eisen wird in der Darm-Schleimhaut an Ferritin gebunden.

3.3. Pathophysiologie der Verdauungsstörungen

3.3.1. Malassimilation - Maldigestion - Malabsorption

Eine Malassimilation, d.h. eine verminderte Aufnahme von Nährstoffen aus dem Darmlumen in den Blutkreislauf, kann durch eine Maldigestion (gestörte Verdauung) oder eine Malabsorption (gestörte Resorption) bedingt sein. Die klinischen Symptome eines Malassimilationssyndroms sind Gewichtsverlust, Mangelerscheinungen und Durchfälle.

Bei einer Maldigestion liegt eine Störung des enzymatischen Abbaus bestimmter Nahrungsbestandteile vor. Man unterscheidet die intestinale, pankreatogene und hepatogene Maldigestion. Neben gemischten Syndromen die zu genereller Malassimilation führen, (z.B. bei Erkrankungen des Pankreas oder unspezifischen Darmentzündungen), gibt es auch Formen, die isoliert nur Kohlenhydrate, Proteine, Fette oder Vitamine betreffen.

3.3.1.1. Kombinierte Malassimilationssyndrome

Entstehen in Assoziation mit **Zöliakie** (Sprue) (siehe dort), sowie:

3.3.1.1.1. M. Whipple

Es handelt sich um eine schleichende Infektionserkrankung mit *Tropheryma whipplei*, einem stäbchenförmigen Bakterium (Gattung *Aktinomyceten*) von etwa 2 µm Länge, der lange nicht entdeckt wurde weil er sich nicht züchten liess, und sich nur durch Spezialfärbung oder durch PCR nachweisen lässt. Typisch in der Histologie sind grosse, zipfelig ausgezogene Makrophagen mit rundlichen Einschlüssen (früher bezeichnet als *sickle particle containing cells* - SPC). Diese Partikel leuchten in der PAS-Färbung rot auf, sind pathognomonisch für den Morbus Whipple und finden sich in fast allen Organen, auch im Gehirn.

Die Bakterien führen zu Zottenverlust durch Anlagerung und bewirken daher Malassimilationen und Gewichtsverlust. Es ist eine *slow bacterial infection*, die erst nach einem Verlauf von über 10 Jahren zur klinischen Symptomatik mit Fieber und unklaren Arthralgien, aber auch Müdigkeit und Verlangsamung führt.

M. Whipple

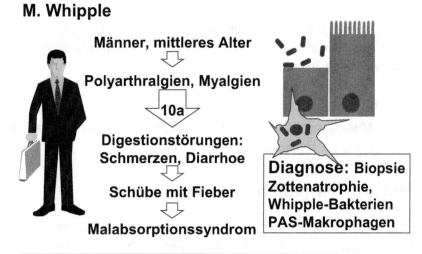

Männer, mittleres Alter

⇩

Polyarthralgien, Myalgien

⇩10a⇩

Digestionstörungen:
Schmerzen, Diarrhoe

⇩

Schübe mit Fieber

⇩

Malabsorptionssyndrom

Diagnose: Biopsie
Zottenatrophie,
Whipple-Bakterien
PAS-Makrophagen

Therapie: Antibiotika
(Tetracycline, Penicillin, Ampicillin, Trimetoprim)

Warum Männer zwischen 30 und 50 besonders betroffen sind, lässt auf eine genetische Prädisposition als Basis für die Abwehrschwäche gegen Tropheryma schliessen. HLA-B27-positive Individuen sind in der Tat prädisponiert. Man findet eine Suppression des TH_1 Zytokins IL-12, das eine Schlüsselrolle in der Steuerung und Initiation der zellvermittelten Immunität einnimmt, denn es bewirkt eine Differenzierung der TH1-Lymphozyten und damit Makrophagenaktivierung, eine Verstärkung zytotoxischer Reaktionen sowie eine Steigerung der IFN-γ-Sekretion von T- und NK-Zellen. Therapie: Die Infektion lässt sich relativ einfach durch Antibiotika behandeln.

3.3.1.1.2.   Amyloidose

bezeichnet die in Organen lokalisierte oder systemische Anreicherung von abnorm veränderten Proteinen in Form kleiner Fasern (Fibrillen) im Interstitium, also ausserhalb der Zellen. Diese unlöslichen Ablagerungen führen zu Abbau und Zerstörung des Parenchyms. Im Darm bedeutet das Zottenatrophie und Malassimilation. Amyloid bedeutet stärkeartig und deutet auf die frühere Missinterpretation des abgelagerten Materials hin. Man unterscheidet verschiedene Formen:

Primäre Amyloidose (=Amyloidose AL) durch Ablagerung abnorm produzierter Immunglobulin-Ketten (Leichtketten-Krankheit) in Herz, Nieren, Nervensystem und Verdauungstrakt. Bösartige Form AH bei Schwerketten-Krankheit (M. Waldenström´sche Makroglobulinämie)

Sekundäre Amyloidose (=Amyloidose AA): Amyloid A wird aus dem Akute-Phase Protein Serum-Amyloid A (SAA) gebildet. Das führt bei chronischen Infektionskrankheiten (Lepra, Tuberkulose), Tumorerkrankungen oder Autoimmunkrankheiten wie der chronischen Polyarthritis, in 90% zur Ablagerung des Abbauproduktes Amyloid A- (AA-).

Die familiäre Amyloidose ist eine seltene Erkrankung, die Ablagerung bestehen in den meisten Fällen aus "Transthyretin-Protein", ein Transportprotein für das Schilddrüsenhormon T4. Es wird in der Leber produziert.

3.3.1.1.3.   *Exsudative Enteropathie*

Lymphangiektasien, maligne oder benigne Lymphome, etc. führen zu Stauung der Lymphgefäße mit Austritt von Lymphe und Verlusten von Serumproteinen über den Darm. Folge –eine relative Malassimilation.

Weitere Ursachen

für kombinierte Malassimilationen sind ausgedehnte *Dünndarmresektion*, *Entero-Kolostomie* und –häufiger - *Pankreaserkrankungen*:

3.3.1.2. Störung der pankreatischen Phase

Der Verlust der enzymatischen Aktivität (absoluter oder relativer Enzymmangel) des Pankreas führt zu Digestionsstörungen von Lipiden, Proteinen und Kohlenhydraten. Infolge der osmotischen Wirkung der unverdauten Disaccharide kommt es zu einer gestörten Wasserresorption, welche 1-2 Stunden postprandial zum Auftreten so genannter Gärungsdurchfälle führt. Die Kohlenhydrate werden teils unverändert ausgeschieden, teils unter der Einwirkung der Bakterienflora in blähende Gase CO_2 und H_2 (Meteorismus), in Monosaccharide sowie organische Sauren, insbesondere Milch- und Essigsäure, umgewandelt.

Die organischen Säuren verstärken die Diarrhoen, da sie Kolonepithel irritieren und Flüssigkeitssekretion ins Lumen stimulieren. Sie verschieben den Stuhl-pH unter Werte von pH 6.0 (saure Stühle). Auch nicht-resorbierte langkettige Fettsäuren führen zu Irritation des Kolon und Diarrhoe. Das klinische Bild ist gekennzeichnet durch voluminöse Stühle, die größere Mengen von Di- und Triglyceriden, Abbauprodukten von Kohlenhydraten, Ca^{2+}, und fettlöslichen Vitaminen enthalten.

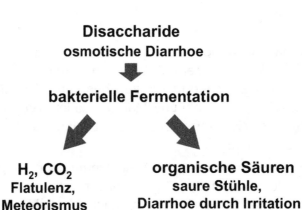

Disaccharide
osmotische Diarrhoe

bakterielle Fermentation

H_2, CO_2
Flatulenz,
Meteorismus

organische Säuren
saure Stühle,
Diarrhoe durch Irritation

Pankreatische Stühle sind Fettstühle, die erst bei Verlust von mehr als 90% der exokrinen Organfunktion auftreten. Sie sind übelriechend und glänzend und enthalten wirklich grosse Mengen unverdauter Fette und sind dadurch Ursache für massiven Verlust fettlöslicher Vitamine A, D, E, K. Vitamin K Defizienz verursacht subkutane, Nasen-, Vaginal- und gastrointestinale Blutungen. Defizienzen der Vit.K abhängigen Blutgerinnungs-Faktoren II, VII, IX und X produzieren Gerinnungsstörungen. Vitamin A Mangel resultiert in follikulärer Hyperkeratose und Nachtblindheit durch ungenügende Bildung des Sehpurpurs Rhodopsin. Vitamin E Defizienz führt im schlimmsten Fall zu progressiver Demyelinisierung im

ZNS. Malabsorption von Vitamin D verursacht Rachitis und Osteopenie (Vorstadium der Osteoporose).

Diagnostik der Malassimilation:

Bestimmung der Fettmalassimilation

Stuhlfettbestimmung: Nach Sudan III-Färbung kann der Fettgehalt mikroskopisch bestimmt werden. Klassisch ist die chemische Stuhlfettbestimmung (unbeliebt und selten, aber genau): Der Stuhl wird 3 Tage lang gesammelt, wobei der Patient jeden Tag etwa 80g Fett zu sich nehmen soll.

Stuhl-pH Bestimmung: Sauer (unter pH 6.0-6.5).

Bestimmung der Kohlenhydratmalassimilation

H_2-Atemtest: Nach Laktose- (oder Xylose-) Gabe oral wird gaschromatographisch oder elektrochemisch die H_2-Konzentration in der Ausatemluft bestimmt.

Xylose-Toleranztest. D-Xylose ist eine im Körper nicht vorkommende Pentose, die im Jejunum resorbiert und grösstenteils über den Harn wieder ausgeschieden wird. Dabei werden 25 g in 250 ml Tee oral verabreicht, daraufhin Urin über 5 Stunden gesammelt, sowie Blut nach 1 und 2 Stunden abgenommen. Wird Xylose nicht absorbiert, kommt es nicht zum Anstieg und es kann eine Malabsorption diagnostiziert werden.

Bestimmung der Proteinmalassimilation

Durch Proteinverluste kann es zu typischen Veränderungen in der Elektrophorese der Serumproteine kommen, wobei besonders die Hypoalbuminämie, ein Faktor für Ödeme und Aszites, auffällt. Hypoproteinämie ist u.a. gekennzeichnet durch Protein-Kalorien-Malnutrition mit Abmagerung und vermehrter Infektanfälligkeit.

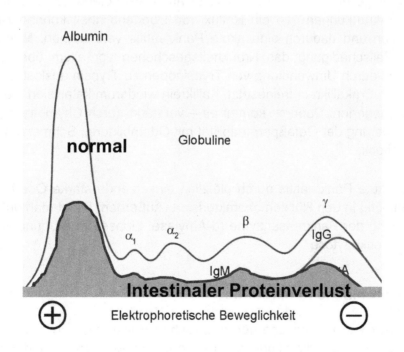

Bestimmung der exokrinen Pankreas-Funktion:

Ein direkter Pankreasfunktionstest ist der Sekretin-Pankreozymin-Test (SPT, „Pankreas-Fermentsonde"). Hierbei werden die Proben nach Intubation aus dem Duodenalsaft gewonnen. Die Messung erfolgt 1.) nach Stimulation mit Sekretin werden die Saftsekretion, die Bikarbonatkonzentration und -menge gemessen. Caerulein kann als ein Analogon zu Sekretin verwendet werden, es wird aus der Haut eines Australischen Amphibiums gewonnen. 2.) Nach Stimulation mit Cholezystokinin (Pankreozymin) werden Amylase-, Lipase- und Trypsinkonzentration und –menge unmittelbar und sehr genau bestimmt.

Als indirekter Pankreasfunktionstests hat sich die Bestimmung der Elastase-1 (auch ein Pankreasenzym) mittels monoklonaler Antikörper im Stuhl bewährt. Im weniger genauen Pankreolauryl-Test wird die hydrolytische Spaltung von verabreichtem Fluoreszein-Dilaurat durch Arylesterasen des Pankreas in Laurinsäure und Fluoreszein gemessen.

Weitere Untersuchungen mittels endoskopischer retrograder Pankreatographie (ERP) und endoskopischer Ultraschalluntersuchung (EUS).

Therapeutisch werden hochdosierte Pankreasenzympräparate (*pancreatic enzyme replacement therapy; PERT*) eingesetzt, zusätzlich evtl. Histamin-H2-Rezeptoren-Blocker (Cimetidin), um über Hebung des Magen-pH eine säurevermittelte Inaktivierung der zugeführten Lipase zu verhindern.

3.3.1.2.1.   Akute Pankreatitis

Der akuten Pankreatitis liegt eine Autolyse („Selbstverdauung") von Pankreasgewebe zugrunde. Als Ursache wird eine vorzeitige Aktivierung von proteo- und lipolytischen Enzymen innerhalb des Organs angesehen. Auslösend ist in den meisten Fällen ein Abflusshindernis in der gemeinsamen Mündung von Ductus choledochus und Ductus pancreaticus, z. B. infolge einer Cholelithiasis. Aber auch Alkoholabusus, Infektionskrankheiten, endokrine Erkrankungen und ein Reflux von Duodenalinhalt können zu einer Zellschädigung führen und dadurch eine akute Pankreatitis verursachen. Man geht davon aus, dass die Zellschädigung das Krankheitsgeschehen vor allem über eine Lipase-Aktivierung sowie durch Umwandlung von Trypsinogen zu Trypsin auslöst. Durch Trypsin wird Kallikrein aus Präkallikrein freigesetzt. Kallikrein wiederum katalysiert die Bildung von Kininen aus Kininogenen. Dadurch kommt es – verstärkt durch Chymotrypsin – zu einer erheblichen Steigerung der Gefäßpermeabilität mit Ödembildung, Schmerzen, Vasodilatation und u.U. Schock.

Klinisch ist die akute Pankreatitis durch plötzlich einsetzende starke Oberbauchschmerzen mit Ausstrahlung in den Rücken charakterisiert. Außerdem findet man durch die Autolyse eine Erhöhung der Pankreasenzyme (α-Amylase, Lipase) im Blut und im Urin sowie Fieber und eine Leukozytose.

3.3.1.2.2.   Chronische Pankreatitis

Alkoholabusus ist die Hauptursache der chronischen Pankreatitis. In diesem Fall kommt es im Anfangsstadium der Erkrankung zu einer verminderten Wasser- und Bikarbonatsekretion sowie zu einer erhöhten Proteinsekretion und damit zu einer Eiweissausfällung in den Pankreasgängen. Durch Ca^{2+}-Einlagerung in die Eiweisspräzipitate entstehen Konkremente und Verkalkungen. Verlegung der Gangsysteme, intrakanalikuläre Drucksteigerung und Aktivierung von Pankreasenzymen sind die Folge. Schließlich entwickelt sich ein bindegewebiger Umbau des Pankreas mit unzureichender Bauchspeichelsekretion. Es entsteht eine oft mit Gewichtsverlust einhergehende Verdauungsinsuffizienz, deren Ausmaß vom Grad der Zerstörung des Organs abhängig ist.

3.3.1.2.3. Pankreaskarzinom

Das Pankreaskarzinom ist der häufigste Tumor der Bauchspeicheldrüse und als vierthäufigste Todesursache männlicher und fünfthäufigste Todesursache weiblicher Karzinompatienten von hoher klinischer Relevanz. Zumeist ist es im Pankreaskopf lokalisiert.

Die vor allem in der Frühphase uncharakteristischen Symptome werden wesentlich von der Lokalisation des Tumors bestimmt. Der bei etwa der Hälfte der Patienten als erstes Zeichen auftretende Ikterus durch Kompression des Ductus choledochus ist, ebenso wie der häufig beobachtete Gewichtsverlust, bereits ein Spätsymptom. Relativ typisch ist das gemeinsame Auftreten von Oberbauch- und Rückenschmerzen. Nach Diagnosestellung beträgt die mittlere Lebenswartung der Patienten in der Regel nur noch wenige Monate.

3.3.1.2.4. Mukoviszidose (Zystische Fibrose)

Ist die häufigste der schweren erblichen Erkrankungen bei der weißen Rasse mit einer Inzidenz von 1:2000 Geburten. In den 60er Jahren verstarben 85% der Erkrankten innerhalb des ersten Lebensjahres, heute werden 35% über 18-jährig. Es gibt etwa 500 verschiedene Genmutationen, die für die Erkrankung verantwortlich sind und daher ein Screening schwierig machen. Ein negatives Resultat im genetischen Screening kann daher eine Mukoviszidose nicht ausschliessen, umgekehrt bestimmt die Art und Anzahl der Mutationen die Ausprägung des klinischen Bildes. Aber immerhin mehr als 70% der Erkrankungen werden durch eine autosomal rezessiv vererbte Mutation verursacht Eine Genmutation am Chromosom 7 betrifft die Deletion (=delta) einer einzige Aminosäure, nämlich eines Phenylalanins in Position 508 (delta F508) des *"Cystic fibrosis disease gene"*.

3.3.1.2.4.1. Nomenklatur von Mutationen

Zur Nomenklatur von Mutationen:

Deletionen, die den Leserahmen der DNA erhalten

Deletionen einzelner Aminosäuren resultieren aus Deletionen dreier Basenpaare und sind durch ein "D" repräsentiert, gefolgt von dem Einzelbuchstaben-Code der Aminosäure und der entsprechenden Position. Beispiel: DF508 bezeichnet die Deletion von Phenylalanin (F) an Position 508 des CFTR-Gens.

Aminosäureaustausch (missense)-Mutationen

Ablesen dieses DNA Teiles führt zu einem Proteinprodukt, dass in seinen Eigenschaften verändert ist. Nomenklatur-Beispiel: G551D bezeichnet die Substitution eines Glycins (G) durch Asparaginsäure (D) an der Position 551 des CFTR-Gens.

Der erste Teil des Codes steht daher für den Einzelbuchstaben-Code der hier normalerweise vorkommenden Aminosäure; der zweite Teil bezeichnet die Position der Aminosäure (Codon-Nummer); der dritte Teil ist der Code für die neue (substituierende) Aminosäure.

Nonsense-Mutationen

Ablesen dieses DNA Teiles erfolgt, ergibt aber kein sinnhaftes Produkt. Diese werden in der gleichen Art wie Aminosäureaustausch-Mutationen geschrieben, wobei der dritte Teil aus einem "X" (für ein Translations-Terminations-Codon) besteht. Beispiel R449X: Hier ist eines Arginins (R) durch ein Translations-Terminations-Codon (X) an der Position 449 des CFTR-Gens substituiert.

Deletionen/Insertionen einer oder zweier Nukleotide

Es wird nicht die Codon-Nummer, sondern die Nukleotidposition angegeben. Sind beispielsweise zwei Nukleotide deletiert, werden beide Nukleotide angegeben, so handelt es sich bei der Mutation 236delGG um die Deletion zweier Guanine an Position 236.

Bei Insertionen wird die Position des Nukleotides angegeben wird, hinter dem die Insertion stattgefunden hat. 1138insG bedeutet, dass hinter dem Nukleotid Nr. 1138 die Insertion eines Guanins stattgefunden hat.

Weiters gibt es *komplexe Deletionen/Insertionen*, bei denen es zum Verschieben des Leserasters kommt (*frameshift*-Mutationen). Beispielsweise 19379del56 bedeutet, dass 56 Basenpaaren, beginnend an Nukleotidposition 1937, deletiert sind, etc.

Unterschiedliche Ausprägung des klinischen Bildes abhängig von Schwere der Mutation:

Klasse I: Kein intaktes Protein (Chloridkanal) vorhanden: z.B. bei 344delT.

Klasse II: Fehlerhafte Faltung und Reifung: z.B. F508.

Klasse III: Gestörte Aktivierung und Regulation, z.B. G551D

Klasse IV: Gestörter Ionenfluss, z.B.: R117H

Klasse V: Reduzierte Menge an intaktem Protein durch inkorrektes Spleissen (splicing) der Introne aus der RNA während der Transkription, z.B.: TGm/Tn, 3272-26A

Klasse VI: Defekte Regulation anderer Ionenkanäle (ENaC, ORCC, s.u.).

3.3.1.2.4.2.   Pathophysiologie der Mukoviszidose

Das Cystic fibrosis disease-Gen kodiert für den so genannten CFTR (*cystic fibrosis transmembrane conductance regulator*), einen cAMP-regulierten Cl⁻-Kanals in der luminalen Zellmembran von Epithelzellen. Dieser Kanal kontrolliert eigentlich den Ionengradienten an der Zellmembran und daher das Membranpotential (conductance). Aufgrund der verminderten Cl^--Sekretion und der damit einhergehenden vermehrten Na^+- Reabsorption (und damit passiv nachfolgender H_2O-Resorption) nimmt der Wassergehalt der Sekrete ab. Der Mukus wird viskös (Mukoviszidose). Besonders betroffen sind Zellen mit grosser Sekretionsleistung: Drüsenepithelien, sowie respiratorischen Flimmerepithelzellen. Resultate sind chronic obstruktive Lungenerkrankungen, CF-assoziierte Leberzirrhose mit portaler Stauung, Diabetes mellitus, Cholelithiasis, und Arthritis, sowie in 85% der Patienten zystische Fibrose des Pankreas: Durch das dickflüssige Sekrete im Pankreas zu Stau der Sekrete und daher zystischer Umwandlung des Organs. Das Parenchym atrophiert und fibrosiert und ergibt das pathologische Bild der „Zystischen Fibrose". Besonders die exkretorischen Funktionen werden beeinträchtigt und es kommt zu massiver Malassimilation, in 20% der Patienten die das Erwachsenenalter erreichen kommt es zu Diabetes mellitus durch Insuffizienz des Inselorganes.

Die Zusammensetzung des Schweisses ist abnorm, denn das CFTR-Protein spielt eine mehrfache Rolle im epithelialen Transport. So werden beispielsweise epitheliale Natriumkanäle (ENaC, *epithelial sodium channel*) inhibiert, während die so genannten Ca^{2+}-aktivierbaren Chloridkanäle (ORCC, *outwardly rectified chloride channel*) aktivierend beeinflusst werden. Insgesamt ist im Schweiss sowohl die Chlorid- als auch Natriumkonzentration erhöht. Durch erheblichen Elektrolytverlust über Schwitzen kann es zu Fieber und sekundären Flüssigkeitsverlusten kommen.

Erwachsene Mukoviszidosepatienten haben Probleme mit der Reproduktion: Die Samenflüssigkeit hat eine zähe Konsistenz, die auch wegen Anomalien der Samenleiter und Nebenhoden bei ca. 90% der männlichen Mukosviszidose-Patienten die Zeugungsfähigkeit einschränkt. Bei Frauen macht die Verschleimung der Eileiter Pfropfenbildungen aus, welche die Entstehung einer Schwangerschaft erheblich beeinträchtigen.

3.3.1.2.4.3. Klinik: Intestinale oder pulmonale Verlaufsform.

Bei der *intestinal dominierten Form* können Neugeborene durch einen Mekonium-Ileus als erstes schweres Zeichen auffallen: Das intestinale Sekret ist so dickflüssig, dass es nicht zum ersten Stuhlabgang (=Mekonium), sondern zu einem Ileus (Darmlähmung) kommt. Bei weniger schweren Formen stehen die Malassimilation durch Pankreasinsuffizienz im Vordergrund der Symptomatik: Osmotische Diarrhoen, Steatorrhoe und Risiko für Mangel an fettlöslichen Vitaminen A, D, E, K und Spurenelementen, sowie Protein-Kalorien-Malnutrition vom Typ Kwashiorkor mit Hypoalbuminämie und Ödemen, Abmagerung, Minderwuchs. Bei diesen Patienten kommt es auch eher zu hepatobiliären Komplikationen (Zirrhose, portale Hypertension).

Bei der *pulmonalen Verlaufsform* kann das dickflüssige Bronchialsekret nur ungenügend abgehustet werden. Es kommt zur chronisch obstruktiven Lungenerkrankung (COPD) mit *Air trapping* und Emphysem, daneben Epitheldestruktion und Atelektasen. Der Schleim ist Nährboden für hartnäckige rezidivierende Infekte, Bronchitis und Pneumonien. Aus der Situation ergibt sich eine chronische Hypoxie dieser Kinder und letztendlich ein *Cor pulmonale* mit Rechtsherzinsuffizienz.

Diagnostik:

Aufgrund einer Funktionsstörung der Schweißdrüsen ist die Konzentration der Natrium- und Chloridionen erhöht und kann im so genannten *Schweisstest* festgestellt werden. Für diesen Test werden die Schweissdrüsen zuerst mittels Pilocarpin-Iontophorese zur Schweissproduktion angeregt: Ein mit Pilocarpin getränktes Läppchen wird mit zwei Elektroden an der Haut angebracht. Beim Fliessen des Stromes spürt der Patient Prickeln und durch diffundierendes Pilocarpin wird die Schweissproduktion 30 Minuten lang angeregt Anschliessend wird mittels Gaze Schweiss aufgesaugt und die Salzkonzentration gemessen - Chlorid durch Titration, Natrium durch Flammenphotometrie, die Gesamt-Osmolalität mittels Dampfdruckosmometer, sowie die Leitfähigkeit des naiven Schweißes elektrisch. Bei Erwachsenen sind NaCl Werte über 100 mmol/l beweisend, bei Kindern Werte über 60 mmol/l. Ist dieser Test zweimal positiv, besteht an der Diagnose kein Zweifel.

Die Pankreasinsuffizienz bei der Mukoviszidose kann durch Bestimmung der Verdauungsenzyme in Duodenalsaft, Stuhl und Serum gestellt werden. Lungenveränderungen wie Bronchiektasien, Atelektasen können im Röntgen, sowie die Insuffizienz im Lungenfunktionstest diagnostiziert werden.

Die *spezifische Diagnostik stützt sich auf* PCR (polymerase chain reaction), um den Gendefekt festzustellen. Bei belasteten Familien kann dieser Test schon während der Schwangerschaft Aufschluss geben (Chorionzottenbiopsie).

3.3.1.2.4.4.   Prinzip der polymerase chain reaction (PCR)

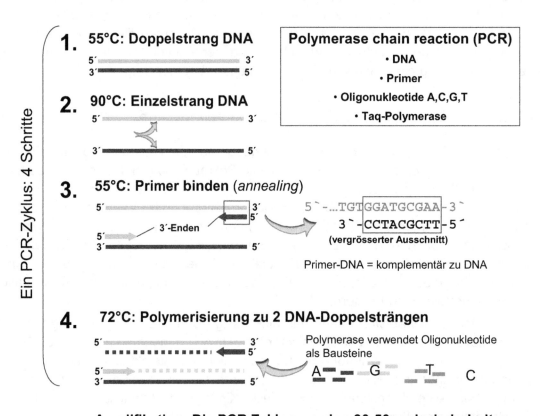

Amplifikation: Die PCR Zyklen werden 30-50 mal wiederholt

In der PCR kann man aus den Zellen eines Patienten DNA isolieren und mittels Primer bestimmte Genabschnitte, die einen interessieren, festlegen. Primer sind massgeschneiderte DNA-Stückchen (Primer-Design), die komplementär zu DNA-Abschnitten des zu analysierenden Gens sind. Komplementär bezieht sich auf die Basenpaarung in doppelsträngiger DNA: A - T, C – G. Ziel der PCR ist es, die entsprechenden Genabschnitte zu vermehren.

3.3.1.2.4.5. Therapien der Mukoviszidose

Hochkalorische Nahrung

Bei den Patienten ist der Energieverbrauch etwa 25% höher als bei gesunden gleichaltrigen, was durch vermehrte Hustenarbeit und Malassimilation zu erklären ist. In der individuell zugeschneiderten Diät wird der Fettanteil von normal 30% auf 40% hinaufgeschraubt, der Kohlenhydratanteil soll 40%, der Rest sollen Proteine, Vitamine etc, alles hochwertig, betragen. Bei schwerer Appetitlosigkeit kann die Nahrung über eine nasogastrische Sonde oder über eine perkutane Gastroenterostomiesonde (PEG), in den Körper geleitet werden. Die Patienten haben zudem einen erhöhten Bedarf an Ruhe.

Therapie der Pankreasinsuffizienz:

PERT (siehe oben) mit Enzymen aus Schweinpankreas gewonnen.

Therapie der COPD: Angriffspunkt ist das zähflüssige Bronchialsekret.

1. Atemübungen und Brustkorbmobilisation in den ersten Lebensjahren mittels passiver Bewegungstherapie und Klopfmassagen, später Schulung der Atemtechnik des Kindes, z.B mit forcierte Exspirationstechnik (FET) oder Ausatmung über ein Reduzierventil.

2. Behandlung der Entzündung und Sekretolyse:

Es gibt entzündliche Infiltrate in den Bronchien, oxidativer Stress spielt also eine Rolle in der Pathogenese. Neutrophile Granulozyten entlassen bei Zerfall ausserdem Elastase ins Gewebe, die epithelschädigend wirkt. Gegenmittel: anti-Elastase inhibiert Enzymwirkung und DNAse als Aerosol erhöht die Schleimlöslichkeit durch Trennung der langen DNA Ketten aus zerfallenen Zellen. N-Acetylcystein, NAC, ist ein Aminosäurederivat, das Disulfidbrüchen in Mukus spaltet und ihn daher löslicher macht). Zudem sind feuchtes Raumklima und Inhalationen günstig.

3. Infektionsbehandlung und -prophylaxe

Konsequente Behandlung trivialer Infekte. Der Nasenrachenraum stellt ein wichtiges Reservoir für absteigende Infektionen dar. Bei Lungeninfektionen spielt besonders Pseudomonas aeruginosa eine wichtige Rolle, dagegen hilft das Antibiotikum Tobramycin. ß-Sympathomimetika entspannen die glatte Muskulatur der hyperreaktiven Bronchien. Weiters ist Infektionsprophylaxe mittels Impfungen sinnvoll.

4. Körperliches Training ist günstig für die kardiorespiratorische Kondition, das Selbstbewusstsein und Appetit.

5. Organtransplatation der Lungen bei Gefahr respiratorischen Versagens

Gentherapie

Als einzige kurative Therapie der Mukoviszidose wäre in der Zukunft die Gentherapie geeignet, umso mehr als es sich oft um eine *monogene* Erkrankung handelt, wobei eben nur ein Gen geschädigt ist. Einbringung korrekter DNA als Substitution gelingt heute mittels Transfektion mit Adenoviren als Vektoren. Alternativ können Liposomen (DNA-befüllte Fettvesikel) eingeatmet werden. Sie schleusen in Epithelzellen das korrekte Gen ein, es kommt zur Expression des gesunden Chloridkanals und daher regulärem Chloridtransport. cAMP induzierter Chloridtransport konnte so in Studien über 32 Tage aufrechterhalten werden. Nachteile sind noch schwere Diarrhoen als Nebenwirkung der Adenoviren und wenig Effizienz der Liposomen, Behandlung ist weiters nur für Bronchialzellen möglich. Daher wird heute emryonaler Gentransfer in Versuchen getestet, wobei das Trans-Gen in die Erbanlagen aller Körperzellen eingeführt werden kann, also in die Keimbahn.

3.3.2. Isolierte Störungen der Kohlenhydratverdauung

Der kongenitale Amylase-Defekt: betrifft ausschliesslich die Kohlenhydratverdauung. Es kommt zu Gärungsdyspepsie. Als Folge des Kohlenhydratmangels ist die Plasma- Insulinkonzentration erniedrigt, Glukagon und Cortisol als Gegenspieler erhöht, und das Schilddrüsenhormon Thyroxin (T4) wird vermindert in T3 (Trijodthyronin) konvertiert. Kompensatorisch werden Fett- und Muskelmasse katabolisiert. Der Patient erscheint schwächlich, verlangsamt und leicht ermüdbar.

3.3.2.1. Monosaccharid-Malabsorption

3.3.2.1.1. Glukose-Galaktose-Malabsorption

Hier liegt ein genetisch bedingter Defekt des Na^+-abhängigen Glukose-Transports auf morphologisch unauffälliger Schleimhaut zugrunde. Symptome treten ein, wenn Neugeborene in den ersten wenigen Tagen vor Eintreten der mütterlichen Laktation gesüsste Tees zugefüttert bekommen. Es kommt zur Glukosurie. Die Therapie erfolgt durch Substitution der Glukose durch Fruktose.

3.3.2.2. Disaccharid-Maldigestion

Primäre Enzymdefekte betreffen einzelne Enzyme auf morphologisch unauffälliger Schleimhaut.

3.3.2.2.1. Laktose-Intoleranz

Darunter versteht man eine Unverträglichkeit von Milch und Milchprodukten, die Laktose enthalten. Es findet sich eine verminderte Aktivität der Laktase, welche zur Folge hat, dass Laktose im Darm durch Bakterien abgebaut wird. Resultat Gärungsdyspepsie mit Diarrhoe und Meteorismus (siehe auch Laktoseintoleranz in Kapitel mukosale Immunität). Test: Laktose-Toleranztest. Dabei werden bestimmte Mengen an Milchzucker in Wasser oder Tee zugeführt und der Anstieg des Glucosespiegels im Blut verfolgt.

3.3.2.2.2. Isomaltase-Saccharase Mangel

Dies ist ein seltener kongenitaler Saccharase-Mangel, der Maltose, Isomaltose und Saccharose betrifft. Die Symptome treten bei Kochzuckerzugabe, z.B. in gesüssten Tees des Babys und Fruchtnahrung, etwa ab dem 4. Monat auf: Maldigestion und Gärungsdyspepsie sind die Folge. Die Therapie besteht in der vollständigen Vermeidung von Saccharose aus der Nahrung. Die Unverträglichkeit bessert sich aber häufig mit zunehmendem Alter, und die Symptome verlieren sich dann innerhalb der ersten Lebensjahre.

Diagnose der Kohlenhydrat-Malassimilationen

➢ Nahrungsanamnese

➢ In der Biopsie kann die Disaccharidasen-Aktivität festgestellt werden: Etwa 5 mg Biopsiegewebe werden homogenisiert und nach Disaccharid-Zusatz die enzymatisch umgesetzte Glukose gemessen.

➢ H_2-Atemtest (siehe unter kombinierte Malassimilationssyndrome)

➢ Therapie: Eliminationsdiät

3.3.3. Malassimilation der Proteine und Aminosäuren

Bei Magenerkrankungen wie atrophischer Gastritis, Magen- oder -teilresektionen kann durch das kombinierte Fehlen von HCl und Pepsin einerseits, oder des stimulierenden Gastrins andererseits, zu Störungen der Proteinverdauung kommen. Dies kann vermehrt bakterielle und virale Infektionen auf der oralen Route oder auch Nahrungsmittelallergien (siehe dort) begünstigen.

Pankreaserkrankungen führen u.a. zur Störung der pankreatischen Proteinverdauung durch Ausfall von Trypsin, Chymotrypsin, etc. Die Resultate sind Proteinmangel mit Hypoalbuminämie, Ödemneigung und erhöhte Infektanfälligkeit. Muskelschwäche und verminderte Muskelmasse. Haut- und Hautanhangsgebilde: An den Nägeln transversale Linien, dünnes Haar, Haarausfall. Amenorrhoe, Libidoverlust. Bei Kindern kommt es zu Wachstumretardierung, mentaler Apathie, Anorexie, Ödemen und Skelettdeformationen.

Andere Folgen von Protein-Kalorien Malnutrition

Kachexie (griech.): „schlechter Zustand", Auszehrung, z.B: Tumorkachexie, kardiale Kachexie

Wasting (engl). „Schwund", im weiteren Sinne (Kräfte-)Verfall, z.B. Wasting-Syndrom bei AIDS

Kwashiorkor (Ausdruck aus Ghana): „Krankheit, die ein Kind bekommt, nachdem es durch das Nächstgeborene von der Brust verdrängt wird", ödematöse Mangelernährung primär durch unzureichende Proteinzufuhr

Marasmus (griech.): „schwach werden" Sammelbegriff für verschiedene Mangelzustände primär durch verminderte Nahrungs/Energiezufuhr

Es kann am ehesten der Typ Kwashiorkor mit der Proteinmalabsorption verglichen werden.

3.3.3.1. Aminosäuren-Absorptions-Defekte

3.3.3.1.1.   Zystinurie

Zystinurie ist ein hereditärer Bürstensaum- und Tubulus-Enzymdefekt mit Verlusten der dibasischen Aminosäuren Ornithin, Arginin, Lysin, sowie der schwefelhältigen Aminosäure Zystin. Die Störungen betreffen besonders die tubuläre Absorption und Rückresorption in der Niere, was die Symptomatik bestimmt. Symptome sind jene des Nierensteinleidens, weil das schlecht wasserlösliche Zystin hier ausfällt und Steinbildungen verursacht.

$$
\begin{array}{cc}
COO^- & COO^- \\
| & | \\
H_3N-C-H & H_3N-C-H \\
| & | \\
H_2C-S- & S-CH_2
\end{array}
$$

Therapie: Flüssigkeitszufuhr, konsequente Alkalizufuhr zur Verbesserung der Löslichkeit, hohe D-Penicillamin-Gabe, Behandlung von Harnwegsinfekten.

(NB: *cave*, nicht mit Zystinose=Zystinspeicherkrankheit verwechseln. Dies ist eine autosomal rezessive Erkrankung mit einer Inzidenz von 1:50.000, wobei es zu Zystinspeicherung in Nieren und im mononukleären Phagozytensystem (früher als RES, retikuloendotheliales System, bezeichnet). Die Ursache ist, dass der Transport von Zystin aus den Lysosomen gestört ist und es daher darin akkumuliert. Ab dem 2. Lebensjahr kommt es zu Inappetenz, Erbrechen und Obstipation. Später infolge Demineralisation Spontanfrakturen und Wachstumsstörungen (renale Osteopathie), sowie tubuläre Funktionsstörungen mit Dehydratation, Azidose, Hypokaliämie, Urämie. Symptome: Die Kinder sind lichtscheu, blond).

3.3.3.1.2.   Tryptophan-Malabsorption

Familiäre Erkrankung mit Defekt des Bürstensaumes für Tryptophanabsorption. Im Darmlumen verbleibendes Tryptophan wird durch Bakterien in Indolkörper umgewandelt. Diese werden resorbiert und, nachdem sie in der Leber zu Indikan umgesetzt wurden, über die Nieren ausgeschieden werden (Indikanurie).

Mit dem Sauerstoff der Luft ergibt sich eine Blaufärbung (daher auch *Blue Diaper Syndrome,* Syndrom der blauen Windeln). Eine gleichzeitig erhöhte Kalziumabsorption führt zur Hypercalzämie und Nephrocalzinosis.

3.3.3.1.3.   Methionin-Malabsorption

Es handelt sich bei Methionin um eine essentielle Aminosäure. Zystein kann zwar zu Methionin im Organismus konvertiert werden, dies reicht jedoch für die Versorgung nicht aus. Physiologisch wird Methionin kurzfristig zu Homozystein (eine Aminosäure ohne Funktion, aber mit schädlicher Wirkung bei Akkumulation: Atherosklerose) konvertiert, aus Homozystein wird aber sofort wieder Methionin, vorausgesetzt dass für diese Rückreaktion Vitamin B6 und Vitamin in ausreichender Menge als Cofaktoren zur Verfügung stehen.

Der zweite Weg des Homozystein-Metabolismus führt über den Abbau von Homozystein zu Zystathionin und über Zystein zu Glutathion. Auch hier ist ein Enzym beteiligt, das auf Vitamin B (Pyridoxin) als Cofaktor angewiesen ist.

Bei der autosomal rezessiven Methionin-Malabsorption wird das im Darm verbleibende Methionin durch die Flora zu α-Hydroxybuttersäure verwandelt, welches charakteristisch nach Hopfen riecht. Da der Defekt oft auch andere Aminosäurentransporte und auch den Nierentubulus betrifft, kommt es zu Hyperaminoazidurie (mit Ausscheidung der Aminosäuren Valin-, und Leucin).

Klinik: weisse Haare (Methionin ist als Keratinisierungsfaktor zum Aufbau der Haare wichtig), helle Augen, zerebrale Krämpfe, geistige Retardierung.

Therapie: Methionin-arme Ernährung.

3.3.3.1.4.   Hartnup-Krankheit

Erbgang unbekannt, genetisch heterogen. Inzidenz: 1:15.000. Enterale und tubuläre Störung des Transportmechanismus für Tryptophan und andere neutrale Aminosäuren (Bürstensaum und Tubulusdefekt) mit Aminoazidurie.

Symptome: intermittierende Nikotinamid-Mangelzustände, Pellagra-ähnliche Hauteffloreszenzen (Photodermatose: Pigment, Rötung, SH-Atrophie), Intelligenzdefekte, zerebellare Ataxie.

Therapie: Lichtschutz, Nikotinamid als Substitution.

3.3.4.   Malassimilation der Fette

Wieder kann es bei **Pankreaserkrankungen** zur Störung der pankreatischen Fettverdauung durch Ausfall der diversen Lipasen, Cholinesterasen und Phosphodiesterasen kommen. Es gibt aber auch einen seltenen **kongenitalen, isolierten Lipasemangel**.

Beim **Zollinger-Ellison-Syndrom** kommt es zu einer Lipase-Inaktivierung, wenn übersaurer Mageninhalt ins Duodenum gelangt. Ursache sind multiple Gastrinome, mit maximaler Gastrinsekretion und Stimulation der Parietalzellen (siehe Kapitel Magen).

3.3.4.1.   Störungen der hepatobiliären Phase

Eine gestörte Produktion der Gallensäuren aus Cholesterin kann bei Lebererkrankungen vorkommen. Dies kann die Synthese ebenso wie die Konjugation zur Glyko- oder Taurocholsäure betreffen. Da sie für die Emulgierung der Fette wichtig sind, kommt es zur Steatorrhoe.

Gallensäureproduktion

Die Gallensäuren werden als primäre, konjugierte Gallensäuren sezerniert und in der Gallenblase gespeichert.

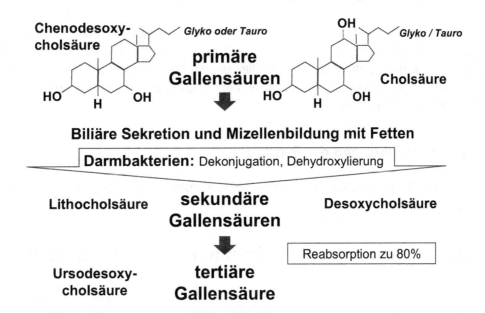

Biliäre Sekretion und Mizellenbildung mit Fetten

Darmbakterien: Dekonjugation, Dehydroxylierung

Lithocholsäure   **sekundäre Gallensäuren**   Desoxycholsäure

Reabsorption zu 80%

Ursodesoxy-cholsäure   **tertiäre Gallensäure**

Bei Stimulation durch Cholezystokinin kommt es zur Kontraktion und es kann im Darmlumen die Mizellenbildung beginnen. Dabei werden Fett innen mit dem apolaren Gallensäurerest (das Cholesteringrundgerüst) eingeschlossen, die polaren, wasserlöslichen Taurin- oder Glyko-Teile ragen nach aussen. Nach Abgabe der Fette an die Enterozyten werden die Gallensäuren durch Einwirkung der normalen Darmflora dekonjugiert und dehydroxyliert und als sekundäre oder tertiäre Gallensäuren zum Grossteil im terminalen Ileum resorbiert. Über den enterohepatischen Kreislauf gelangen sie wieder zurück zur Leber.

3.3.4.1.1.   Primär biliäre Zirrhose

Dabei kommt es zur autoimmunen Reaktion gegen Gallengangsepithelien der Leber mit Proliferation und Störungen der biliären Sekretion, besonders betreffend die Gallensäuren. Sie werden systemisch verteilt und gelangen in die Haut, wo sie oft als erstes Symptom der Erkrankung Pruritus verursachen, weil sie wie Seifen irritierend wirken.

3.3.4.1.2.   Erkrankungen der ableitenden Gallenwege

Exkretionsstörung durch Cholezystolithiasis und raumfordernde Pankreaserkrankungen mit Druck auf Ductus choledochus.

3.3.4.1.3.   Blind-Loop-Syndrom

Das Syndrom der blinden Schlinge (*Blind-Loop-Syndrom*) ist ein chirurgisches Problem, das nach Operationen auftreten kann; so zum Beispiel bei Seit-zu-Seit- oder Seit-zu-End-Anastomosen. Es führt zu "bacterial overgrowth". Auch Diabetiker zeigen eine veränderte Zusammensetzung und vermehrtes Wachstum der intestinalen Flora. Dadurch kommt es zur exzessiven Degradierung von Gallensäuren und deren Verlust, denn sie können nicht mehr reabsorbiert werden, ebenso wie der Vit B12-IF Komplex.

3.3.4.1.4.   Erkrankungen des terminalen Ileum

M. Crohn oder Ileumresektionen führen zu Gallensäureverlustsyndromen: Sie gelangen ins Kolon, wo sie direkt reizend wirken und so genannte chologene Diarrhoen verursachen. Die Leber erhält massiv weniger Gallensäuren zurück und kompensiert durch vermehrte Produktion. Erst wenn sie dekompensiert, kommt es zu sichtbaren Störungen der Fettverdauung, also Steatorrhoe.

3.3.4.1.5.   Erkrankungen der Pfortader

Verursachen ein Überangebot von Gallensäuren durch die erfolgreiche Reabsorption. Dies führt zu Pruritus.

Biliäre Ursachen für Störungen der Fettverdauung

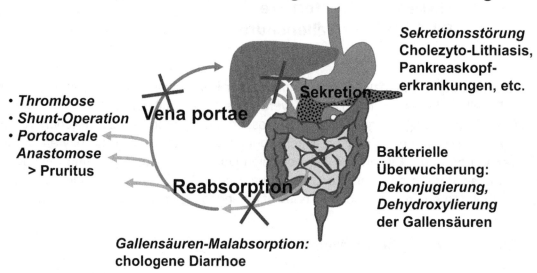

- Thrombose
- Shunt-Operation
- Portocavale
  Anastomose
  > Pruritus

Vena portae

Sekretion

Reabsorption

Sekretionsstörung
Cholezyto-Lithiasis,
Pankreaskopf-
erkrankungen, etc.

Bakterielle
Überwucherung:
Dekonjugierung,
Dehydroxylierung
der Gallensäuren

Gallensäuren-Malabsorption:
chologene Diarrhoe

3.4. Diarrhoe

Das im Intestinum anfallende Flüssigkeitsvolumen von 2,5 l ergibt sich aus der Nahrung und der Sekretion der Verdauungsdrüsen. Es wird fast komplett reabsorbiert, die normale Stuhlausscheidung des gesunden Erwachsenen beträgt nur 100-250 g/24 Stunden. In normalen Stuhl sind bis zu 80% Wasser, die wichtigsten Elektrolyte sind Na^+, K^+, Cl^- und HCO_3^-.

Bei Diarrhoe steigt der Wassergehalt bis auf 95%, der Stuhl verliert seine normale Festigkeit, und es kommt gleichzeitig zu Elektrolytverschiebungen, Anstieg des Stuhlvolumens und der Frequenz.

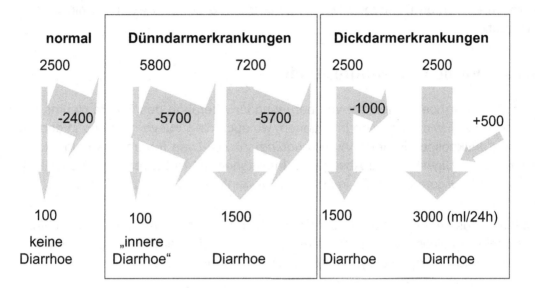

Die Ursachen können im Intestinum oder im Kolon liegen. Bei Dünndarmerkrankungen kann die ungenügende Reabsorption oder vermehrte Sekretion teilweise durch die Leistung des Kolon kompensiert werden („innere Durchfälle"). Erst bei Übersteigen dieser Leistung kommt es zur Diarrhoe.

Bei Dickdarmerkrankungen ist die normalerweise gute Reabsorption gestört, oder es wird zusätzlich Flüssigkeit sezerniert. Die Stühle enthalten oft Schleimbeimengungen

NB: Nächtliche Durchfälle sprechen für eine organische Ursache, z.B. Karzinom, Colitis ulcerosa, oder Morbus Crohn.

Ursachen für Diarrhoen:

Osmotisch – exsudativ – sekretorisch – motorisch – paradox – kongenital

3.4.1. Osmotische Diarrhoen

entstehen bei der Aufnahme großer Mengen von Substanzen, die schlecht absorbierbar sind und osmotisch wirken.

3.4.1.1. Medikationen und Nahrungsbestandteile

Schwer resorbierbare in Medikamenten, z.B Antazida, die oft Aluminiumhydroxidverbindungen sind, können Diarrhoen als Nebenwirkung haben. Die Wirkung von Laxantien (Abführmittel) beruht auf diesem Prinzip, z.B. Natriumphosphat zur Darmreinigung vor Operationen. Sorbit ist ein Süssstoff, der zu osmotischen Diarrhoen führt (Anamnese Kaugummigenuss).

Auch bei der Malabsorption von Kohlenhydraten entstehen osmotisch aktive Substanzen im Darmlumen (siehe oben). Zusätzlich fällt weniger Glukose an, um zusammen mit Na^+ über den Cotransporter aufgenommen zu werden. In der Folge verminderte Na^+-

Absorption im oberen Dünndarm kommt es begleitend auch zu einer verminderten Wasserabsorption.

3.4.1.2. Virale Gastroenteritiden

Osmotische Diarrhoen treten bei vorübergehender Alteration des Bürstensaums und der Epithelzellen auf, wie bei viralen Infektionen, wo auch die Virusvermehrung in den Enterozyten und ausknospende neue Viren (*budding*) zu Zell-Lyse führen. Als Folge kommt es zu Störung der Digestion und Absorption. Infektionen mit Rotaviren oder Norwalk-like Viren sind der häufigste Grund für infantile Luftwegsinfektionen kombiniert mit Gastroenteritiden.

Symptome: zusammen mit dem Luftwegsinfekt treten Erbrechen, Fieber, Durchfälle (mit Colitis schleimig-blutig), Wasserverluste - hypertone Dehydratation (Hypernatriämie), Fieber, und eventuell zerebrale Symptomatik mit Fieberkrämpfen, auf.

3.4.1.2.1.   Dehydratation und Rehydratation

Bei Durchfallerkrankungen besteht besonders bei Kleinkindern (aber auch bei alten Personen) die Gefahr der Dehydratation, abhängig vom Ausmass des Flüssigkeitsverlustes kann bis zu Nierenversagen und Schock eintreten.

Dehydratation bei Kleinkindern

• **Leicht:** Fl.verlust - 5% KG: Durst, trockene SH	pH, Elektrolyte normal
• **Mittel:** Verlust 5 - 10% KG Durst, Oligurie, Hautfalten verstreichend, Fontanelle eingesunken	pH leicht erniedrigt Na, Cl leicht erhöht Harnstoff, Kreatinin, Hämatokrit erhöht
• **Schwer:** mehr als 10%KG Anurie, Schock, Hautfalten stehend, Bewußtseinstrübung.	Azidose, Hypernatriämie, Harnstoff, Kreatinin, Hämatokrit erhöht

Daher müssen bei intensiven Diarrhoen rasch Massnahmen zur Rehydratation getroffen werden: Korrektur des Volumenverluste mit isotonen Lösungen, Korrektur der Säure-Basenentgleisung durch im Rahmen der Diarrhoe erfolgten Bikarbonatverluste. Die Rehydratation kann oral gelingen und sollte durch Glucosegaben begleitet werden, um Na^+- und H_2O-Absorption über der intestinalen Cotransporter anzuregen. Durch begleitendes Erbrechen kann dies manchmal ungenügend erfolgen, dann muss parenteral substituiert werden. Insgesamt sind junge, aber auch ganz alte Personen durch Dehydratation mehr gefährdet.

3.4.2. Exsudative Diarrhoen

Hierbei ist die Durchlässigkeit (Permeabilität) der Epithelien durch diffuse Schleimhaut-schädigung und/oder *leakage* der Interzellularverbindungen erhöht, es kommt zum ente-ralen Verlust von Wasser und wasserlöslichen Verbindungen wie Proteinen.

3.4.2.1. Diffuse SH-Schädigung

tritt ein bei chronisch entzündlichen Darmerkrankungen wie Colitis ulcerosa und Morbus Crohn (siehe dort), Ischämie, sowie Zytostatika-Therapie (Nebenwirkung Diarrhoe bei Chemotherapien).

3.4.2.2. Konkrete Schäden an tight junctions

Gallensäuren irritieren die interzellulären Verbindungen der Kolonmukosa und verursa-chen chologene Diarrhoe (siehe Fett-Malabsorption).

Infektionserreger wie Salmonellen, Shigellen, und Escherichia coli sind Künstler für Inter-aktion mit dem Zytoskelett des Wirt. Sie öffnen die tight junctions zwischen den Enterozy-ten um Invasion betreiben zu können. (NB: Sogar Vibrio cholerae, das eigentlich laut Schema sekretorische Diarrhoen macht, interagiert auch mit den tight junctions und er-höht so die Permeabilität).

3.4.2.2.1. Tight junction (Zonula occludens).

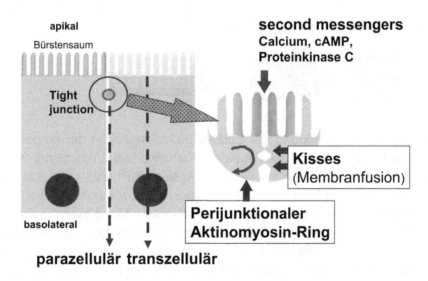

Tight junctions haben über einen perijunktionalen Aktinomyosin-Ring eine enge Verbin-dung zum Zytoskelett. Ein Molekül, Occludin, spielt eine wichtige Rolle in der Verzahnung mit der Nebenzelle.

Der Aufbau einer "tight junction"

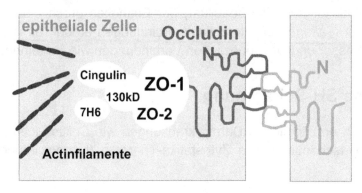

Eine Interaktion zwischen Aktin und Myosin ist wie im glatten Muskel erforderlich, um eine aktive Kontraktion des Zytoskeletts und Öffnung der tight junction zu bewirken. Die 20kD grosse Myosin light chain (MLC20) bindet Aktin nur in phosphorylierter Form. Dazu ist Hydrolyse von ATP notwendig, die Proteinkinase C (PKC) muss dann MLC phosphorylieren, bevor es zur Kontraktion der Filamente kommt.

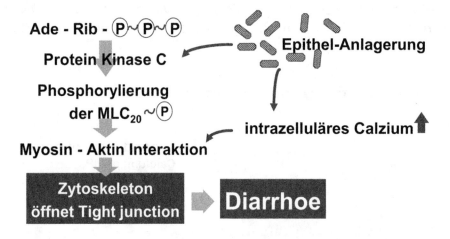

Im Experiment kann die Erhöhung der Epitheldurchlässigkeit in der so genannten *Ussing chamber* beurteilt werden. Lässt man in einem Kulturmedium Enterozyten auf Filtermembranen anwachsen, so entwickeln sie einen polarisierten Phänotyp (apikale Membran mit *brush border*, basolaterale Membran mit Rezeptoren), sowie *tight junctions* als interzelluläre Verbindungen. Mit Entstehung eines „konfluenten Monolayers" (also dichten, einschichtigen Zellrasens), steigt der TEER - *Trans Epithelial Electrical Resistance* (Widerstand), der mit Mikroelektroden in Ω/cm^2 gemessen werden kann. Appliziert man z.B. Salmonellen auf den Monolayer, kommt es zu einem raschen Abfall des TEER, ein Ausdruck für erhöhte Durchlässigkeit des Epithels für Strom, also die Permeabilität (Durchlässigkeit) gestiegen ist. Invasion der Bakterien in die untere Kammer kann stattfinden.

Experimentelles Setup: USSING CHAMBER

Messung des transepithelialen Widerstandes ($\Omega\,cm^2$)

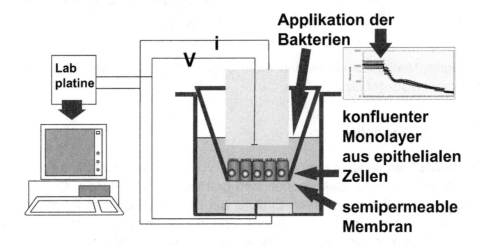

Tight junctions können jedoch auch mechanisch durchbrochen werden: Anlagerung der Bakterien an die Enterozyten verursacht ein *danger signal* und die Produktion des chemotaktischen Zytokins IL-8, das Neutrophile anlockt. Diese bohren sich zwischen den Enterozyten ins Lumen durch und verhelfen so manchen Keimen zur Invasion.

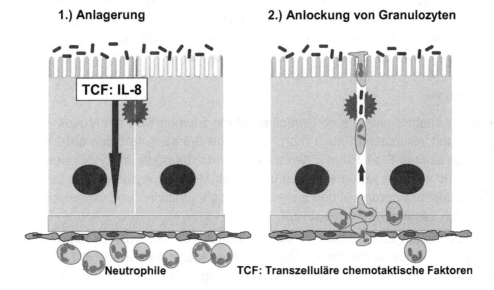

Was für viele Keime zutrifft ist, dass sie auch in Enterozyten direkt eindringen. Auch hier wird mit dem Zytoskeleton eng kooperiert. Durch Anlagerung (*attachment*) entstehen morphologische Schäden (*Cup and pedestal lesions*), die zur Auslöschung (*effacement*) von Mikrovilli führen. Dabei kommt es zur Signalübertragung und Aktivierung des Zytoskeletts, wie oben beschrieben. Hier ist das Resultat aber Mikropinozytose des Erregers.

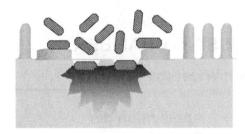

- **Mikrovilli-Degeneration**
- **"Cup and Pedestal"**
- **"Attaching and effacing"**
  Läsion

Die genannten Mechanismen werden mehr oder weniger von allen folgenden enteralen Infektionskeimen ausgenützt.

3.4.2.2.2.   Salmonellen

Unter Salmonellosen versteht man eine Gruppe von Infektionskrankheiten mit vorwiegend enteritischer Symptomatik. Salmonellen sind gramnegative Bakterien. Der Name Salmonella enterica weist schon auf ihren Einfluss bei Erkrankungen des Intestinums hin. Die drei Haupt-Serotypen (unter 2500 Arten) sind S. typhimurium (18,8%), S. enteritidis (13,2%) und, wegen der Schwere der Erkrankung, S. typhi (1,6%).

3.4.2.2.2.1.   Salmonella typhi

Salmonella typhi ist der klassische Erreger von Typhus abdominalis. Dieses Bakterium erzeugt Erbrechen, Übelkeit, Diarrhoe, hohes Fieber, mit möglichem tödlichem Verlauf. S. typhi kann nur Menschen infizieren, bis jetzt wurde kein anderer Wirt entdeckt. Die Hauptquelle für S. typhi-Infektionen sind infiziertes Wasser und Nahrungsmittel, die mit solchem in Kontakt waren. Infektionsdosis bei 100 – 1000 Keimen.

Pathophysiologie

Nach oraler Aufnahme adherieren (*attachment*) die Salmonellen am Mukus des intestinalen Epithels und verursachen auch morphologische Schäden (*effacement*). Sie produzieren ein so genanntes SipA Protein, welches zu Umordnungen im Zytoskelett der Enterozyten führt, und welches sie umschliesst und durch Mikropinozytose in die Zelle aufnimmt. Durch Zytoskelettaktivierung öffnen sie auch die tight junctions und führen zu exsudativer Diarrhoe durch gesteigerte Permeabilität.

Von den Enterozyten aus invadieren sie das Interstitium, von wo aus sie in die Blutbahn gelangen (Bakteriämie, Septikämie). Über die Pfortader kommen sie in Leber und Galle, von wo aus über die Gallensekrete die Ausscheidung in den Darm geschieht.

Salmonellen adherieren auch besonders gut am Follikel-assoziierten Epithel von Peyer´schen patches, nämlich den M-Zellen. Von hier aus gelangen sie zu den mesenterialen Lymphknoten und werden auch über die Lymphe und den Ductus thoracicus systemisch verteilt. Ein Teil der Bakterien kann auch eine Zeit lang in Enterozyten und Makrophagen überleben, weil sie resistent gegenüber lysosomalen Enzymen und oxidativem Stress sind.

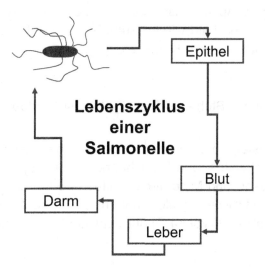

Salmonellen sind als gramnegative Erreger eine Quelle von Endotoxinen (hitzestabile Bakterienwandbestandteile), im wesentlichen Lipopolysaccharide. LPS bindet am LPS Rezeptoren (CD14) von Makrophagen, aktiviert diese und erzeugt so TNF-α. TNF-α ist ein so genanntes endogenes Pyrogen, also ein körpereigener fieberproduzierender Stoff, indem es an der Temperaturregulation im Hypothalamus angreift, und die Ursache für das hohe Fieber bei Typhus. Wenn Salmonella typhi in grosser Zahl im Blut vorkommen (Septikämie), verursachen sie endotoxinschockartige Bilder, die durch die Exsikkose unterstützt werden: Niedriger Blutdruck, kleinste Blutungen (Roseolen), weil TNF-α die Endothelpermeabilität erhöht.

Klinik: Die Inkubationszeit beträgt im Mittel 10 Tage und korreliert umgekehrt mit der Größe der infizierenden Dosis. Die Krankheit beginnt mit allmählich ansteigenden Temperaturen, Frösteln und uncharakteristischen Allgemeinerscheinungen wie Abgeschlagenheit, Kopfschmerzen, Appetitlosigkeit, Obstipation und Bronchitis. In der zweiten Woche geht das Fieber in eine hohe Kontinua mit Temperaturen, die sich meist um 40°C bewegen, über. Es kommt zur Splenomegalie. Gelegentlich besteht ein leichter Meningismus als Zeichen einer ZNS Beteiligung.

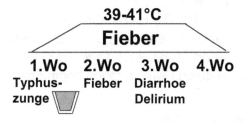

Die Zunge ist grauweiß belegt, häufig bleiben Spitze und Ränder frei, sie sind hochrot. Meist liegt die Pulsfrequenz im Vergleich zur Temperatur niedrig und die Patienten sind apathisch. Es können rötliche Flecken auf Bauch, Brust und Rücken auftreten (Roseola). Zu den typischen erbsbreiartigen Durchfällen kommt es erst in der 3. Krankheitswoche. Nach 3-5 Wochen gehen die Krankheitserscheinungen mit remittierenden Temperaturen, d.h. hohen Temperaturdifferenzen zwischen abendlichem Maximum und morgendlichem Minimum, zurück. Es beginnt eine langdauernde Rekonvaleszenz mit meist hypotonen

Blutdruckwerten. Der enorme Appetit lässt die Patienten die oft erhebliche Gewichtsabnahme während der Erkrankung bald wieder aufholen. Die Letalität beträgt unbehandelt bei 5%. Im Allgemeinen hinterlässt die Krankheit keine bis schwache Immunität, Zweiterkrankungen sind möglich.

Diagnose: Erregernachweis aus Stuhl-und Blut. Typhus ist meldepflichtig.

Therapie: Die Therapie besteht in einer sorgfältigen Pflege – leicht verdauliche pürierte Schonkost, Mundpflege, Dekubitus- und Bronchopneumonieprophylaxe, Kreislaufüberwachung, Ausgleich des Wasser- und Mineralhaushaltes und Verabreichung von Antibiotika (Fluorochinoline, Aminopenicilline, Chloramphenicol). Prophylaxe: Lebendimpfstoff (Typhoral ©) per os, Totimpfstoff (Typhim ©) nur Impfschutz für 2-3 Jahre.

3.4.2.2.2.2.   Salmonella paratyphi

Ein dem Typhus abdominalis ähnliches, in der Regel weniger schweres Krankheitsbild wird durch den Paratyphuserreger hervorgerufen. Die Inkubationszeit ist meist erheblich kürzer und beträgt 3-8 Tage. Auch hier ist der Mensch der einzige Wirt.

Die Krankheit beginnt häufig mit Schüttelfrost ohne besondere Prodromalerscheinungen und einem beim Typhus nie zu beobachtenden Herpes labialis. Die Roseolen sind meist zahlreicher und greifen auf die Extremitäten über. Außerdem besteht eine Leukozytose; Splenomegalie und Bronchitis sind nahezu obligat. Dagegen treten die zentralnervösen Erscheinungen etwas zurück. Rezidive und Komplikationen sind seltener, eine Cholezystitis ist häufig. Die Prognose ist im Allgemeinen gut. Die Letalität beträgt trotzdem etwa 3-5%. Die Therapie deckt sich mit der des Typhus abdominalis.

3.4.2.2.2.3.   Salmonella typhimurium

bis vor kurzem waren sie die häufigste Ursache einer Lebensmittelvergiftung (Salmonellose, Salmonellenenteritis) mit einer Inkubationszeit von Stunden bis 1-3 Tagen. In Mäusen verursacht S. typhimurium „Mäusetyphus". Da ihre Virulenz nicht sehr hoch ist, liegt die notwendige Infektionsdosis für einen Gesunden bei 10.000 bis 1.000.000 Keimen/g Nahrung, bei Babies nur etwa bei 100/g. Die Erkrankung Im Menschen ist normalerweise nicht so schwerwiegend und ist charakterisiert durch Diarrhoe, abdominale Krämpfe, Erbrechen und Übelkeit, und dauert gewöhnlich bis zu 7 Tage. In Kindern und Alten kann es jedoch immer zu schweren Verläufen durch Dehydratation kommen.

3.4.2.2.2.4.   Salmonella enteritidis

In den letzten 20 Jahren wurde S. enteritidis zur häufigsten Ursache einer Lebensmittelvergiftung (Salmonellose, Salmonellenenteritis) in den USA mit einer Inkubationszeit von Stunden bis 1-3 Tagen. Es befällt speziell Hühner ohne sichtbare Symptome hervorzurufen, und verbreitet sich rasch von Tier zu Tier. Die Übertragung auf den Menschen erfolgt durch kontaminierte Speisen (rohe Eier, Fleisch). Ein Reservoir für S. enteritidis stellen auch Reptilien (z.B. Schildkröten) und Aquarien dar. Symptome sind Brechdurchfälle, die 2-3 Tage dauern, oft ohne Fieber.

3.4.2.2.3. Shigellen

Die Erreger von Shigellosen sind unbewegliche, gram-negative Bakterien der Gattung Shigella, die nach biochemischen Merkmalen und spezifischen O-Antigenen in vier Unter-gruppen A – D unterteilt werden:

A: Sh. dysenteriae: Faeces

B: Sh. flexneri: Sex

Shigellen

D: Sh. sonnei: Nahrung

C: Sh. boydii

Die Übertragung von Shigellen erfolgt durch direkte oder indirekte Schmierinfektion ent-weder über die kontaminierte Hand oder Lebensmittel, besonders Milch- und Molkerei-produkte, Wasser und Gegenstände. Infektionen können auch durch kontaminiertes Trinkwasser oder beim Baden vorkommen. Hervorzuheben ist die niedrige Infektionsdosis - schon wenige Shigellen (10-100) können zur Erkrankung führen. Als Infektionsquelle kommt ausschließlich der Mensch in Frage (Kranke, Rekonvaleszente und symptomlose Ausscheider). Es können alle Altersgruppen erkranken. Besonders disponiert sind Kinder im Vorschulalter und den ersten Schuljahren sowie alte, in ihrer Immunabwehr ge-schwächte Menschen.

In Europa sind Infektionen mit S. sonnei aus kontaminierter Nahrung stammend häufig, verlaufen aber in der Regel leicht (Reiseerkrankung). Sh.flexneri wird bei Analverkehr faeko-mukosal übertragen und die Infektionen werden steigend in homosexuellen Män-nern beobachtet. Dagegen sind Infektionen mit Shigella dysenteriae, dem Erreger der Ruhr, und Sh. boydii mit faekooralem Infektionsweg in Europa eher selten.

Pathophysiologie

Shigellen invadieren Kolonepithelzellen und verursachen schwere Entzündungen (Nekro-sen und Ulcera) des Kolons und manchmal auch des unteren Dünndarms, und exsudative Diarrhoen durch massive Schädigung des Epithels.

Nur Shigella dysenteriae Typ 1 bildet zusätzlich ein Exotoxin (*Shiga-Toxin*), das zu schweren toxischen Krankheitsbildern mit Beteiligung des ZNS und dem hämolytisch-urämischen Syndrom (HUS) führen kann. Shiga-Toxin blockiert die Proteinsynthese der Enterozyten, und wirkt direkt neurotoxisch. Es wird durch einen Bakteriophagen (Virus der Bakterien befallen kann) kodiert. Nur Shigellen, die auch die genetische Information die-ses Bakteriophagen tragen, produzieren Shiga-Toxin und sind Verursacher der Shigellen-ruhr.

Klinik

Die Inkubationszeit beträgt 1-7 Tage. Die Shigellenruhr beginnt mit krampfartigen Bauch-schmerzen, heftigen Kopfschmerzen, Übelkeiten, Inappetenz, Frösteln und Mattigkeit, krampfartigen Leibschmerzen und anfangs breiigen stinkenden Durchfällen, schmerzhaftem Stuhldrang (Tenesmen), Fieber. Die Stühle sind anfangs wässrig. Sie werden bald schleimig-blutig (himbeergeleeartig). In typischen Fällen kommt es täglich zu 20 bis 30 Entleerungen, wobei die abgesetzte Stuhlmenge gering ist. Fieber kann ganz fehlen, häufig sind aber Temperaturen von 38-38.5°C. Die Erkrankungsdauer beträgt im Durchschnitt eine Woche.

Diagnose: Erregernachweis aus dem Stuhl. Es besteht Meldepflicht wenn die Person im Lebensmittelbereich tätig ist und zwei oder mehr Erkrankungen unter den Kollegen auftreten.

Therapie: Die Behandlung besteht vor allem bei schweren Formen in guter Pflege – Diät, Warmhalten des Kranken, Ruhe, Ausgleich des Wasser- und Elektrolythaushaltes und Antibiotikatherapie (Cotrimoxazol, Ampicillin). Impfungen gibt es, aber der Impfschutz ist zweifelhaft.

3.4.2.2.4.   Escherichia coli

sind bewegliche, oft auch bewegungslose gramnegative Stäbchen, die auch für die Konstitution der Darmflora verantwortlich sind. Abhängig vom Serotyp können sie jedoch schwere Erkrankungen verursachen:

enterotoxigene Escherichia coli-Stämme (ETEC):	
enteroinvasive E.c. (EIEC):	Reisediarrhoe (Coli-Ruhr)
enteropathogene Stämme (EPEC):	Säuglingsdiarrhoen (Dyspepsie-Coli)
Enteroaggregative E.coli (EAggEC):	persistierende Diarrhoen
Shiga-Toxin produzierende/ Enterohämorrhagische E.coli (STEC/EHEC.)	blutige Diarrhoe
STEC Serogruppe 0157:H7	hämolytisch-urämische Syndrome

Pathophysiologie

E. coli adherieren am Epithel, machen typische *attaching and effacing* Läsionen und aktivieren das Zytoskelett zu tight junction-Öffnung und exsudativen Diarrhoe. Wie virulent sie sind, hängt von der Anzahl und Art ihrer Bakteriophageninfektionen ab. Diese bleiben als Plasmide (Fremd-DNA ausserhalb ihres Nukleotides) liegen. Coli-Bakterien haben bis zu 7 Plasmide, welche für Virulenzfaktoren, z.B. Toxine, kodieren. Manche E.coli beinhalten die Information für Shiga-like Toxins, welche die Proteinsynthese hemmen, und so schwerere, enterohämorrhagische Krankheitsbilder (EHEC) verursachen. Sie werden auch als Shiga-Toxin produzierende E.coli (STEC) bezeichnet.

EHEC-Infektionen des Menschen führen zu akuten lokalen entzündlichen Prozessen des Dickdarms (Gastroenteritis), die sich über eine hämorrhagische Colitis (HC) zu den lebensbedrohlichen postinfektiösen Syndromen, dem hämolytisch-urämischen Syndrom (HUS; hämolytische Anämie, Nierenversagen, thrombotische Mikroangiopathie) und der thrombotisch-thrombozytopenischen Purpura (TTP) weiterentwickeln können. Obwohl die meisten Infektionen mit EHEC-Bakterien leicht verlaufen und deshalb vielfach unerkannt bleiben können, lassen sich bei Säuglingen, Kleinkindern, alten Menschen und Abwehrgeschwächten dramatische und lebensbedrohliche Krankheitsbilder nach EHEC-Infektionen beobachten.

Übertragung und Klinik

Es gibt eine Vielzahl von Vehikeln für die menschlichen Infektionen, wie z.B. Nahrung, Bade- und Trinkwasser. Von Bedeutung sind ebenfalls auch Mensch-zu-Mensch-Infektketten, was besonders für Gemeinschaftseinrichtungen (Kindergärten, Altenheime etc.) zu beachten ist. Auch sind direkte Tier-Mensch-Kontakte als Übertragungswege möglich, beispielsweise in Streichelzoos oder bei Besuchen landwirtschaftlicher Betriebe.

Die Inkubationszeit beträgt in Abhängigkeit von der Infektionsdosis meist 1-3 Tage. Die Erkrankung beginnt mit wässrigen Durchfällen, die in ca. 10 - 20 % der Fälle im Verlauf der Erkrankung zunehmend blutig erscheinen und ein Ruhr-ähnliches Bild (Coli-Ruhr) annehmen können. Selten tritt Fieber auf, oft jedoch Übelkeit, Erbrechen und Abdominalschmerzen.

In ca. 5 - 10 % der Erkrankungen durch Serovar (=Serotyp) O157:H7 entwickeln sich die lebensbedrohlichen postinfektiösen Syndrome des HUS und TTP sowie vielfach neurologischen Veränderungen. Die Letalität bei HUS und TTP ist besonders im Kindesalter hoch (1 - 5 %), oft kommt es zum akuten Nierenversagen mit Dialysepflicht, seltener zum irreversiblen Nierenfunktionsverlust mit chronischer Dialyse bis hin zur Transplantation.

Die Keimausscheidung dauert in der Regel 5 - 20 Tage, kann aber im Einzelfall (besonders bei Kindern) bis zu mehreren Monaten betragen. Auch symptomlose Ausscheider (Kinder, Erwachsene) sind möglich und können als unerkannte Infektionsquelle dienen. Beim Auftreten der postinfektiösen Syndrome HUS und TTP können die Erreger bereits verschwunden sein, so dass die vorausgegangene Infektion ggf. nur noch serologisch (Antikörpertiter-Anstieg) nachzuweisen ist.

Therapie: Beim gastroenteritischen Verlauf der EHEC-Infektionen ist eine antibakterielle Therapie im Allgemeinen nicht angezeigt (evtl. Cotrimoxazol). Sie verlängert die Bakterienausscheidung und kann zur Stimulierung der Toxinbildung führen. Die Behandlung der Krankheitssymptome von HUS und TTP kann nur symptomatisch erfolgen (in der Regel durch forcierte Diurese, Plasmapherese und bei globaler Niereninsuffizienz durch Hämo- oder Peritonealdialyse). Rehydrierung.

3.4.3. Sekretorische Diarrhoen

gemeinsames pathogenetisches Prinzip ist die gesteigerte Elektrolytsekretion und damit exzessiver Wasserverlust.

3.4.3.1. Gastrointestinale Tumore

Besonders VIP-Tumoren verursachen über die Produktion von VIP, vasoaktivem intestinalen Polypeptid, sekretorische Diarrhoen. VIP agiert, wie viele andere Neuropeptide, über G-Protein gekoppelte Rezeptoren (GPCR). Wie generell bei Hormon-Signaling ist VIP hier der Agonist, erkennt den VIP-Rezeptor, der über einen Transduktor, ein G-Protein (GTB-BP = GTB- bindendes Protein, Guaninnucleotide-bindendes Protein) stimuliert. GTP (Guanosintriphosphat) wird zu GDP, der Transduktor dissoziiert eine Subkomponente α, die am Effektor, in diesem Fall Adenylatcyclase, bindet und zur Produktion von c-AMP aus ATP beiträgt. c-AMP ist ein second messenger, der Ionenkanäle reguliert. In diesem Fall kommt es zur Sekretion von Chloridionen. Wasser, das durch die tight junctions durch kann, folgt dem Konzentrationsgradienten.

Gleichzeitig assoziiert α wieder zurück an GTB und die Reaktion wird gestoppt. Intensive oder irreversible Stimulation führt zu jedoch Daueraktivierung. Grosse Mengen an Flüssigkeit werden so sezerniert – sekretorische Diarrhoe.

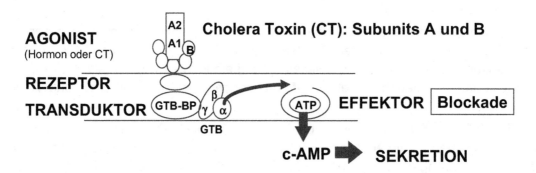

3.4.3.2. Vibrio cholerae

Pathophysiologie: Vibrio cholerae produziert ein Exotoxin, das nach seinem Bauplan zu den klassischen AB-Toxinen gehört. Subunit B vermittelt die Andockung an den GM1 (Galactosyl-N-Acetylgalactosaminyl) Rezeptor, Subunit A ist das Toxin. Das Cholera-Enterotoxin stimuliert nach demselben Prinzip wie ein Hormon die Adenylatzyklase-Aktivität des Dünndarmepithels.

Wieder abhängig vom Serotyp (und Virulenzfaktoren) gibt es unterschiedlich schwere Verläufe. *V. cholerae El Tor* verursacht die schwerste Form. Nach wenigen Stunden bis 5 Tagen Inkubationszeit kommt es zu profunden „reiswasserartigen" Durchfällen mit Volumina bis zu 20l pro Tag, die rasch zu Exsikkose, Azidose, Hyponatriämie, Schock, Hypothermie und Exitus letalis führen können.

Epidemiologie

Die klassische Cholera hat sich nach der letzten Pandemie Ende des 19. Jahrhunderts wieder in ihre Herdgebiete in Süd- und Südostasien, besonders im Ganges-Brahmaputra-Delta zurückgezogen und führt dort zu den üblichen saisonalen, mehr oder weniger heftigen epidemischen Ausbrüchen. Seit 1961 Ausbreitung des Vibrio cholerae El Tor von Sulawesi aus über Süd-Südostasien, Pazifik, vorderer Orient bis nach Afrika (1970) und Mittelmeerraum (1973).

Diagnose: Erregernachweis aus dem Stuhl.

Therapie: Rehydratation ist wesentlich. Prophylaxe: wie bei allen genannten Durchfallerregern Hygiene (*cook it, peel it or forget it*).

3.4.4. Motorische Diarrhoen

Hier kommt es zur hormonalen oder mechanischen Stimulation der glatten Darmmuskulatur und Kontraktionen bis Krämpfen.

Ursachen:

> **Hyperthyreose**
>
> **Schilddrüsenhormone** steigern die Muskelaktivität
>
> **Calcitonin Sekretion** als paraneoplastisches Syndrom bei Tumoren, oder z.B. beim medullären Schilddrüsenkarzinom. Wirkt direkt darmanregend.
>
> **Karzinoidsyndrom** (siehe unten)
>
> **Protozoen und Parasiten** (siehe unten)

3.4.4.1. Karzinoide

Karzinoide gehören zu den APUDomen und sind die häufigsten gastro-enteropankreatischen Tumore. Diese malignen Tumore produzieren 5-OH-Tryptophan und wandeln es in Serotonin um. Serotonin kontrahiert glatte Muskulatur. Symptome sind daher Flush, Diarrhoe, Hypotonie, Tachykardie, und Endokardfibrose. Die Inzidenz ist 0,5 : 100.000.

Je nach Lokalisation unterscheidet man:
20%: *Foregut*-Karzinoidein Lunge, Thymus, Magen
65%: *Midgut*-Karzinoide in Jejunum, Ileum, Appendix, Coecum
15%: *Hindgut*-Karzinoide in Kolon, Rektum

HO—[CH2 - CH - COOH / NH2] 5-OH-Tryptophan → (−CO2) HO—[CH2 - CH - NH2] 5-OH-Tryptamin (Serotonin) → HO—[CH2 – C - OH / O] 5-OH-Indolessigsäure

Diagnose: 5-Hydroxy-IndolEssigSäure -ein Serotoninabbauprodukt, wird in Urin gefunden. Da Bananen viel Serotonin enthalte, kann deren Genuss vor der Untersuchung den Befund verfälschen.

Chromogranin A: Neuroendokrine Zellen enthalten in Vesikeln, die wie Granula aussehen, Peptidhormone, biogenen Amine und Neurotransmitter. Neben ihren spezifischen Inhaltsstoffen enthalten sie auch sekretorische Proteine, die man als Granine (Chromogranine und Sekretogranine) bezeichnet. Granine binden Peptidhormone und biogene Amine sowie Calcium. Chromogranin A-Spiegel korrelieren mit der Tumormasse und eignen sich für die Therapie-Kontrolle.

Zur Therapie werden unter anderem *Somatostatin-Analoga* eingesetzt, die bei einer Reihe von neuroendokrinen gastro-entero-pankreatischen Tumoren die Ausschüttung der Hormone blockieren.

3.4.4.2. Protozoen und Parasiten

Gehen oft mit Diarrhoen einher. Durch die reflektorisch gesteigerte Motorik (Abstossungsversuche) beobachtet man eine Hypertrophie der glatten Muskulatur. Die Mukosa bei Parasitosen ist ödematös, man findet Entzündungszellen in der Lamina propria und eine Mukosaabflachung. Die Symptome sind variabel, es kommt zu Störung der Digestion, der Absorption und der Motilität. Immunantworten dagegen siehe Kapitel. Besonders IgE-Antikörper dienen als Abwehrmassnahme gegen Parasiten (siehe mukosale Immunität).

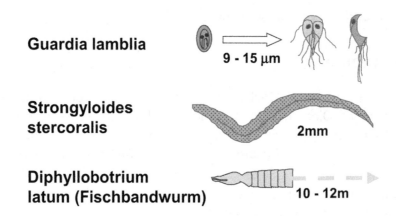

Guardia lamblia   9 - 15 μm

Strongyloides stercoralis   2mm

Diphyllobotrium latum (Fischbandwurm)   10 - 12m

3.4.4.2.1. Lambliasis

Eine Infektion mit dem Protozoon Giardia Lamblia (oder Giardia) kommt in den Tropen vor. Es kommt zu einer oralen Infektion mit Cysten, die sich im Dünndarm zu erwachsenen Lamblien (Trophozoiten) weiterentwickeln. Produzierte Cysten werden fäkal ausgeschieden. Eventuell sind Bieber Zwischenwirte. Symptome sind Brechdurchfälle, Schmerzen, Malabsorption, und Anämie. Erregernachweis aus dem Stuhl oder Darmbiopsie. Therapie: Antibiotika, es gibt keine Impfprophylaxe gegen Parasiten.

3.4.4.2.2. Strongyloides stercoralis (Zwergfadenwurm) und Ankylostoma (Hakenwurm)

Beide werden in feuchtwarmen Gebieten über die Haut übertragen (barfussgehen). An der Eintrittsstelle kommt es zu Rötung und Pruritus. Nach Lungenpassage, wo er Bronchitis und Pneumonie verursacht, wird er aufgehustet und wieder verschluckt. Es kommt dann zur Enterocolitis mit motorischer Diarrhoe und Malabsorption. Ankylostoma kann auch direkt oral übertragen werden. Diagnose: Erregernachweis in Sputum, Stuhl, Dünndarmsaft.

Therapie: Chemotherapie mit z.B. Tiabendazol.

3.4.4.2.3. Diphyllobotrium latum (Fischbandwurm)

Ist ein spektakulärer Parasit, der in Cystenform vorwiegend durch das Essen roher Fische übertragen wird. Er wird als adulter Wurm bis zu 12 lang. Symptome sind Leibschmerzen und motorische Diarrhoe, sowie besonders eine Megaloblastenanämie durch Vitamin B12-Entzug (siehe dort).

3.4.5. Paradoxe Diarrhoen

Stase des Darminhaltes verursacht bakterielle Überwucherung und Diarrhoe durch u.a. Gallensäureabbau und Gärungsdyspepsie. Ursachen sind:

3.4.5.1. Nicht-propulsive Motorik bei Colon irritabile

Colon irritabile (Irritables Kolon, Reizdarm). Symptome: Schmerzen mit wechselnder Lokalisation, nie nachts und Defäkationsstörungen (60% Obstipation-30% Diarrhoe). Störung der Sensibilität (empfindlich für Dehnung, cholinerge, hormonelle Stimulation) und Störung der Motilität (unausgewogene Peristaltik). Die Patienten sind psychisch auffällig (*"Irritable person syndrome"*).

Diagnose: durch Ausschluss endokrinologischer Grund-Erkrankungen, Malassimilation, Infektion, Parasiten, und organischen Läsionen.

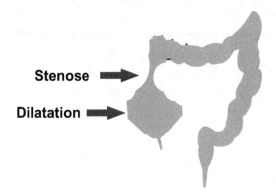

Stenose ➡

Dilatation ➡

Therapie: Diätetisch, reichlich Flüssigkeitszufuhr, Ballaststoffe bei Obstipation, Quellmittel wie Pektine bei Diarrhoe, psychotherapeutisch, Linderung der Schmerzen durch Krampflösung mit z.B N-Butylscopolamin oder Mebeverin.

3.4.5.2. Obstipation

Verstopfung kann durch ein Passagehindernis eintreten, proximal erfolgt Dilatation beinhaltend festen Kot und dünne Massen. Folge: paradoxe Diarrhoe. Ursachen sind z.B Tumoren mit Kompression von aussen oder Obstruktion von innen (beispielsweise Polypen), Stenosen durch Narben nach Entzündungen *(Colitis ulcerosa, M. Crohn, ischämische Kolitis, Divertikulitis, TBC...),* oder postoperative Adhäsionen.

3.4.6. Kongenitale Chlorid-Diarrhoe

Die Ursache ist ein erblicher Transportdefekt für Chloridionen. Symptome: Osmotisch bedingte Diarrhoe, metabolische Alkalose, Hypochlorämie

Diagnose: in den Fäces Cl⁻ weit über der Norm, im Harn fast nichts

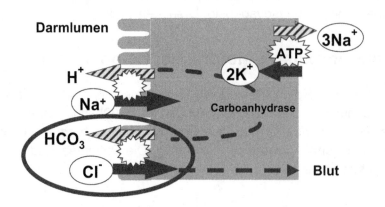

Darmlumen

H^+

Na^+

HCO_3^-

Cl^-

Carboanhydrase

$3Na^+$

ATP

$2K^+$

Blut

4. Mukosale Immunität

4.1. Hintergrund

Der Darm stellt die grösste Kontaktfläche nach außen für unseren Körper dar. Schutz vor Noxen, Toxinen und Pathogenen erfolgt über die Mechanismen der natürlichen und adaptiven (spezifischen) Immunabwehr. Die Organe der spezifischen Abwehr werden als gut associated lymphoid tissue (GALT), das zum M(ucosa)ALT gehört, zusammengefasst.

Schon im Lumen der schleimhautausgekleideten Organe setzt Immunabwehr ein, die sich aus den sekretorisch „unspezifischen" Faktoren im Mukus sowie in den serösen Flüssigkeiten zusammensetzt. Zusätzlich findet man das sekretorische Immunglobulin A (sIgA) mit Aufgaben der spezifischen Immunabwehr. Auch die Darmflora selbst trägt wesentlich zur Reifung und Balance des intestinalen Immunsystems bei.

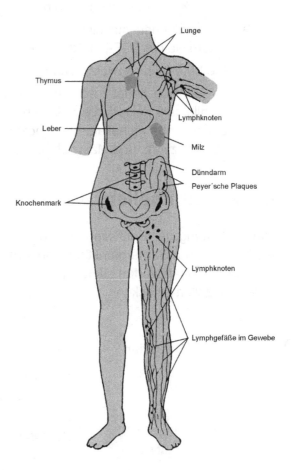

4.1.1. Fakten über unsere Darmflora

> Wir sind steril geboren. Die natürliche Abfolge der Kolonisierung mit Bakterien ist Voraussetzung für die Entwicklung des Immunsystems. Steril geborene und gehaltene Lebewesen werden immundefizient. Die Darmflora unterstützt besonders IgA Antworten und die natürliche Abwehr

> Die gesunde Darmflora besteht hauptsächlich aus Bacteroides (Anaerobier), 30% Bifidobacteria und Eubacteriae (Anaerobier), sowie Escherichia coli (E.coli), die fakultative Anaerobier sind.

> Der Körper eines erwachsenen Menschen enthält 1×10^{14} Zellen, wovon nur 10% menschliche Zellen sind!

> Im Kolon gedeihen mehr als 400 Bakterienspecies bei einer Dichte von 10^{11} Organismen per mL

> Die Flora kämpft kompetetiv gegen pathogene Populationen durch Substrat-Streit und Produktion von Colicinen (antibakterielle Substanzen).

> Stillen ist günstiger für erfolgreiche Kolonisierung in Neonaten (Neugeborenen) als die Fütterung mit Milch-Hydrolysaten, denn Brustmilch enthält unverdaubare Kar-

bohydrate (so genannte Präbiotika), die das Wachstum von Bifidabacteria und Lactobacilli (Probiotika) unterstützen.

> Bei der natürlichen Geburt kommt das Kind mit der maternalen Flora (Kolon, Vagina) in Kontakt, welche dann die hauptsächliche kindliche Darmflora ausmacht

> Darmbakterien stimulieren ausgeglichene Immunantworten (immunmodulierend), indem sie die TGF-β und Interleukin-10 (IL-10) Bildung stimulieren.

> Die beteiligten Abwehrmechanismen

> Im Gewebe findet man die Epithelien selbst als „statische", fixe Barriere, sowie mobile und rekrutierbare Zellen (mukosale dendritische Zellen wie Langerhans Zellen, intraepitheliale Lymphozyten, sowie die neutrophilen und eosinophilen Granulozyten, und Mastzellen.

4.1.2.   Epithelien

Die Bedeutung der Epithelien für die Immunologie wurde lange unterschätzt. Sie haben jedoch nicht nur Barrierefunktion, sondern sind auch immunologisch kompetent, denn sie können Immunantworten stimulieren, z.B. indem sie Zytokine produzieren und damit Entzündungszellen anlocken.

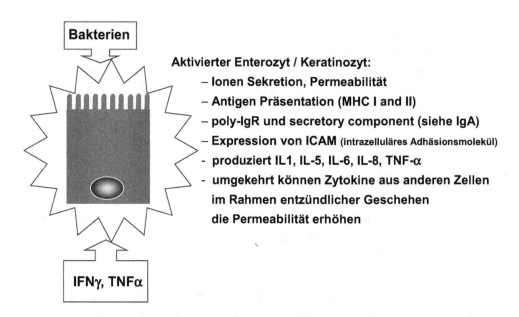

4.1.3.   Sekretorische unspezifische Abwehr der Mukosa

4.1.3.1.   Mukus

besteht aus langen Mucin-Glykoprotein-ketten (MGs), die zu 30–90% Karbohydrate mit Serin- oder Threonin-Galactosaminyl Glykopeptidbindung enthalten. Mukus bildet einen lubrizierenden Biofilm, der vor physikalischen und chemischen Schäden schützt. Er enthält ausserdem Substanzen der natürlichen Abwehr (wie antibiotische Peptide, etc.) oder der spezifischen Immunabwehr (IgA).

Mucin-1 ist zäher und liegt direkt am Epithel, Mucin-2 ist dünn-flüssiger, es wird mit in die seröse Flüssigkeit abgegeben. Es kann an Bakterienmembranen haften und deren Adhäsion ans Epithel verhindern.

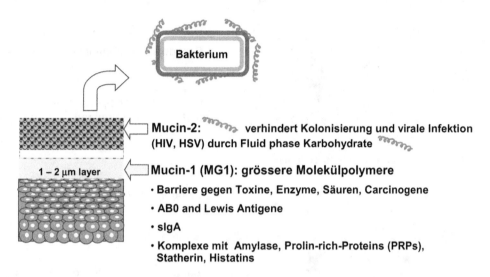

4.1.3.2. Lysozym

ist ein kationisches antimikrobielles Protein (im Parotissekret ist die Konzentration 1-10 mg/L!). Lysozym wird auch Muramidase genannt, weil es das Murein (Peptidoglykan) aus Bakterienwänden spalten kann, indem die β-1,4-Bindung zwischen N-acetylglucosamine & N-acetylmuraminsäure spaltet. Damit hat Lysozym ausgezeichnete Wirkung gegen Gram-positive Bakterien, deren äussere Hülle aus Murein besteht.

Gram positive Bakterien:	Gram negative Bakterien	
Bacillaceae	Acetobacteriaceae	Nitrobacteriaceae
Micrococcaceae	Alcaligenaceae	Pseudomonadaceae
Mycobacteriaceae	Bacteroidaceae	Rhizobiaceae
Peptococcaceae	Chromatiaceae	Rickettsiaceae
	Enterobacteriaceae	Spirochaetaceae
	Legionellaceae	Vibrionaceae
	Neisseriaceae	

Gram-positive Zellhülle

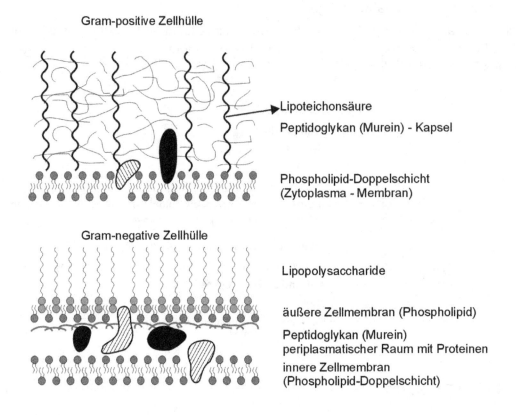

Lipoteichonsäure

Peptidoglykan (Murein) - Kapsel

Phospholipid-Doppelschicht
(Zytoplasma - Membran)

Gram-negative Zellhülle

Lipopolysaccharide

äußere Zellmembran (Phospholipid)

Peptidoglykan (Murein)
periplasmatischer Raum mit Proteinen

innere Zellmembran
(Phospholipid-Doppelschicht)

Die Mundhöhle mit ihrem Speichel (Saliva, seröse Flüssigkeit) ist die erste Kontaktzone mit potentiell schädlichen Einflüssen von aussen. Hier gibt es im Rahmen der natürlichen Abwehr einige bakterizide Produkte die aus Epithelzellen der Speicheldrüsen oder aus Abwehrzellen stammen. Dazu gehört auch Lysozym (siehe oben), aber auch:

4.1.3.3. Histatine

Dies sind Histidin-reiche bakteriostatisch wirkende α-helikale Peptide, die als anti-fungale Faktoren z.B. gegen Candida albicans Kolonisierung wirken. Bei Abnahme deren Konzentration werden Pilzbefall aber auch HIV Infektionen begünstigt.

PRPs, proline-rich proteins, bestehen zu 25 – 40% ihrer Sequenz aus der Aminosäure Prolin. Sie binden Pflanzen-Polyphenole die als Gerbstoffe adstringierend wirken, und übersättigen zusätzlich die Saliva mit Ca-Phosphat zur Zahnhärtung.

4.1.3.4. Cystatine

Sie stammen aus Monozyten/Makrophagen, binden bakterielle Geiseln (Pili) und haben daher einen anti-adhäsiver Effekt auf sie.

4.1.3.5. Laktoferrin

stammt aus Neutrophilen und Epithelzellen und gehört zur Transferrin Familie, ist also ein Eisen-bindendes Glykoprotein. Im Parotissekret ist die Konzentration bei 1-10mg/L, in der Saliva bei 10-20 mg/L, in der Muttermilch sogar bei 1g/L. Laktoferrin bindet Fe++, das ein wichtiger Cofaktor für bakterielles Wachstum ist. Es destabilisiert ausserdem die äusseren Bakterienwände und erlaubst somit eine Attacke durch sein durch Spaltung entstandenes mikrobizides Peptid Laktoferricin.

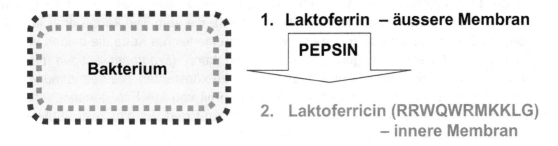

1. **Laktoferrin – äussere Membran**

   PEPSIN

2. Laktoferricin (RRWQWRMKKLG)
   – innere Membran

4.1.3.6. Peroxidasen

sind wichtige Abwehrmittel im Speichel gegen Bakterien wie Streptococcus mutans, den Erreger von Karies. Sie wirken zweifach nach folgendem Prinzip:

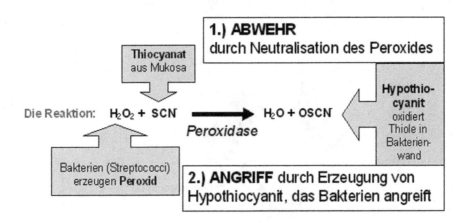

4.1.3.7. Defensine

α-Defensine stammen aus neutrophilen Granulozyten, β–Defensine aus Paneth-Zellen der intestinalen Krypten. Sie haben eine β–Faltblatt-Struktur und sind kationische antibiotische Peptide mit fungizider und bakterizider Aktivität gegen Gram-positive Bakterien.

4.1.4.   Sekretorische spezifische Abwehr der Mukosa

4.1.4.1. IgA Immunglobuline

4.1.4.1.1.   Sekretorisches IgA: Schutz und Abwehr an der Mukosa

Wie andere Immunglobuline auch besteht IgA aus zwei identen schweren Proteinketten (heavy chains) und zwei identen leichten (light chains), die vom Typ kappa oder lambda sein können. Gemeinsam bilden je eine schwere und eine leichte Kette die beiden variablen Domänen, mit denen Antigen erkannt werden kann (*Fragment antigen binding*-Domäne, Fab). Die beiden schweren Ketten bilden den konstanten Teil des Immunglobulins (*Fragment constant or crystallizable*, Fc), die im Fall von IgA Fcα genannt wird. Die Gelenksregion (*hinge region*) wird durch Disulfidbrücken fixiert. Es gibt zwei Subklassen, IgA1 und IgA2, die sich genau an dieser Gelenksregion unterscheiden.

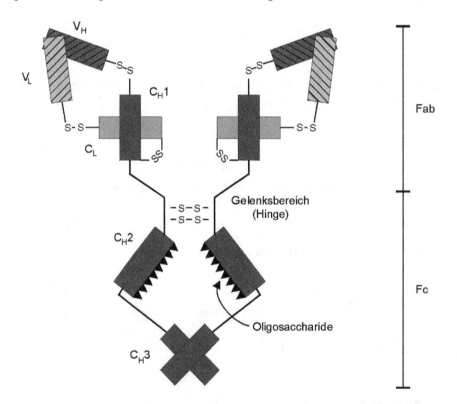

Dies hat folgenden Grund: IgA1 war entwicklungsgeschichtlich die erste Klasse und ein effektiver Schutz gegen viele Keime. Um ihre Invasionschancen zu erhöhen, begannen manche Bakterien (Streptococcus sanguis, Streptococcus pneumoniae, Hämophilus influenzae, Neisseria gonorrh., Neisseria mening.), Proteasen zu produzieren, die IgA1 in der offen angelegten Gelenksregion spalteten und unschädlich machten. Als funktionelle Adaptation entstand IgA2 mit einer viel kürzeren und kompakteren Gelenksregion, das heute 50% der IgA Subklassen an der Mukosa stellt, während IgA1 hauptsächlich im Serum vorkommt. Es sind besonders die TH₃-Lymphozyten, die über TGF-β (*transforming growth factor-β*) Isotypswitch nach IgA in B-Lymphozyten induzieren können. Das Zytokin

IL-5 und IL-25 aus TH$_2$-Lymphozyten und Mastzellen steigert als Post-Isotypswitch Faktor in der Folge zusätzlich die IgA Produktion und stimuliert eosinophile Granulozyten, die gut mit IgA kooperieren (siehe unten).

4.1.4.1.2.　　IgA Monomer – Funktion ADCC mit Eosinophilen

Ein weiterer wesentlicher Unterschied zwischen IgA1 und IgA2 ist, dass IgA1 meist als Monomer im Serum vorkommt, IgA2 als Dimer in den Sekreten. Das IgA1-Monomer kann wie das IgA-Dimer Antigene neutralisieren, hat aber seinen Fc-Teil frei und kann daher mit Zellen, welche entsprechende Rezeptoren tragen, kooperieren. Der Rezeptor für IgA heisst prinzipiell FcαR. Der hochaffine FcαRI (oder CD89) ist besonders an eosinophilen und neutrophilen Granulozyten, sowie an dendritischen Zellen exprimiert.

IgA-vermittelte Antikörper-abhängige zelluläre Zytotoxizität (*antibody dependent cellular cytotoxicity; ADCC*) bedeutet, dass nach Antigenerkennung durch zwei IgA Moleküle, die an CD89 sitzen, in einem aktiven Prozess die Zellen degranulieren. Dabei werden Substanzen aus ihren Granula frei die zytotoxisch wirken. Besonders wirksam sind die Produkte des oxydative burst wie freie Radikale und andere reaktive Sauerstoffmetaboliten (*reactive oxygen metabolites, ROMs*).

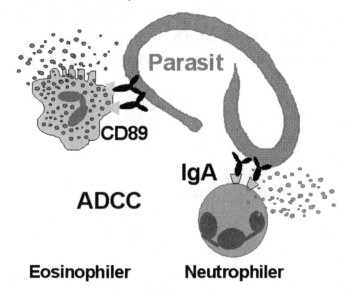

Granulainhalte eosinophiler Granulozyten	
Spezifische Granula:	Major basic Protein (MBP),
	eosinophiles kationisches Protein (ECP),
	eosinophil-derived neurotoxin (EDN),
	Eosinophilen-Peroxidase (EPO)
Primäre Granula:	hydrolytische Enzyme,
	Galektin-10
	(=Charcot-Leyden Kristalle bei Eosinophilen-Zerfall)
Kleine Granula:	Arylsulfatase die Leukotriene inaktiviert, Histaminasen

Granulainhalte neutrophiler Granulozyten

Primäre (azurophile) Granula (=typische Lysosomen):

Kationische Proteine (wirken im alkalischen Bereich

gegen Gram-negative Bakterien)

Saure Hydrolasen (Esterasen, Glykosidasen, Lipasen)

Neutrale Esterasen (Elastase, Kathepsin,...)

Kollagenasen

Mikrobizide Substanzen

(Lysozym, Myeloperoxidase bildet O_2-Radikale)

Sekundäre Granula: Lysozym, Kollagenase, für Aushungerstrategie:

VitB$_{12}$-bindendes Protein, Laktoferrin

Konkret erfolgt die Abtötung des Feindes bei ADCC Reaktionen

1.   durch die lysosomalen antibakteriellen Substanzen (siehe oben)

2.   durch O_2-abhängiges *killing* durch Produkte des oxidative burst:

Super-Oxid, H_2O_2, Singlet Sauerstoff, Hydroxyl-Radikale

3. In Neutrophilen zusätzlich durch O_2- und Myeloperoxidase-abhängiges killing:

Hydrogen-Peroxid Metaboliten halogenieren Bakterienproteine,

die Reaktion wird durch Myeloperoxidase katalysiert.

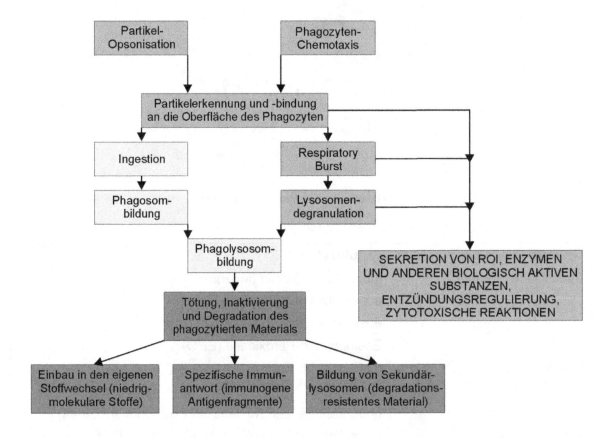

Da Granulozyten auch phagozytieren können, kann ein Pathogen nach IgA-Opsonisation (Erkennbarmachung eines Antigens) auch folgendermassen entfernt werden: Es wird zuerst phagozytiert (in Phagosomen aufgenommen, die dann mit Lysosomen zu Phagolysosomen verschmelzen). Die Tötung erfolgt dann innerhalb der Zelle über die oben genannten Mechanismen.

4.1.4.1.3.   IgA Dimer – Funktion in Sekreten

IgA ist nicht nur der prominenteste Antikörper-Isotyp in der Mukosa sondern auch insgesamt die meist produzierte Imunglobulin-Klasse, weil sehr viel davon täglich über die Sekrete verloren wird.

Produktion (mg/Tag)	IgA	IgG
Zirkulation	2100	2100
Saliva	200	2
Tränen	5	?
Galle	400	160
Kleines Intestinum	5200	600
Grosses Intestinum	1200	140
Nasopharynx	45	15
Urin	3	3
Total	**9200**	**3000**

Hier hat IgA wichtige Abwehrfunktion, indem es über seine variable Domäne Antigene erkennen, binden und durch Neutralisation unschädlich machen kann. Beide Subklassen sind hier gleichermassen vertreten. Damit IgA seine Aufgaben im rauen Umfeld intestinaler Sekrete erfüllen kann, muss es extra stabilisiert werden. Dies geschieht einerseits dadurch, dass IgA schon als Dimer (kleinste Form eines Polymers) – dIgA- von den Plasmazellen (NB: Immunglobulin-produzierende B-Lymphozyten) sezerniert wird.

Zwei IgA Moleküle sind über eine *joining chain* (J-chain) an den Fc-Teilen verbunden, die danach nicht mehr für klassische Rezeptorinteraktion zur Verfügung stehen. Allerdings gibt es einen für polymere Immunglobuline spezialisierten Rezeptor, den polyIgR, der an Epithelien exprimiert wird.

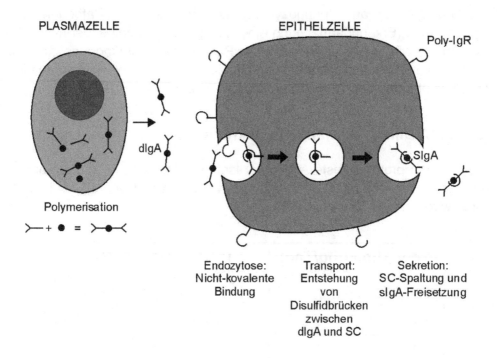

Daran kann dIgA binden, wird durch Endozytose internalisiert, transzytiert und exozytiert. Bei der Exozytose behält dIgA einen Teil des polyIgR, der die so genannte sekretorische Komponente (SC) bildet welche das Molekül zusätzlich stabilisiert – sekretorisches IgA (sIgA) ist entstanden.

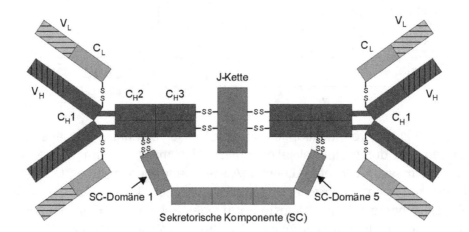

2/3 des Gesamt-IgA muss über den Vorgang der Transzytose ins mukosale Lumen gebracht werden. Der Vorgang wird durch manche Viren als „Shuttle-Dienst" missbraucht. Epstein-Barr-Viren (EBV) z.B. treten über die Mukosa in den Körper ein (*kissing disease*), wo sie die infektiöse Mononukleose verursachen, weil sie über den Komplementrezeptor-2 (CR2; CD21) in B-Lymphozyten eintreten und deren extreme Proliferation (Lymphknotenschwellungen) und Antikörperproduktion bewirken. Weil es zu weiteren Infektionen kommen soll, gelangt EBV mittels IgA-Shuttle wieder an die Schleimhäute, wo es durch den nächsten „*kiss*" wieder übertragen werden kann.

4.1.4.1.4.   IgA aus der Muttermilch

Das Neugeborene hat Probleme mit Immunabwehr, da das eigene Immunsystem und seine Effektormechanismen noch nicht gereift sind. Hilfreich ist zweifache passive Immuntherapie von Seiten der Mutter: Sowohl IgG als auch IgA sämtlicher Antigenspezifitäten, welche die Mutter innehat, kann auf das Kind übertragen werden. IgG ist die einzige Immunglobulinklasse, die diaplazentar übertragen wird, weil es in der Plazenta neonatale Immunglobulinrezeptoren gibt, FcRn, an den einzig IgG bindet. Maternales IgG kann von etwa 3 Monaten vor der Geburt bis 6 Monate danach im kindlichen Kreislauf gefunden werden. Danach gibt es eine physiologische, vorübergehende Immunabwehr-Schwäche, da der passive Schutz abnimmt, während der kindeseigene noch nicht voll angelaufen ist. Die Kinder bekommen daher um ihren 6. Lebensmonat herum besonders leicht Infekte. Eine weitere Überbrückung, zumindest gegen gastrointestinale Infektionen, ist das mütterliche IgA aus der Brustmilch. Schon im Kolostrom (Erstmilch, sehr protein- und fettreich, wird bis etwa 3 Tage post partum gebildet) enthält 10 – 20 mg/ml sIgA, die daraufhin einschiessende (richtige) Milch enthält immer noch etwa 0,5 mg/ml sIgA. Kuhmilch enthält zu wenig IgA, denn unsere „Turbokühe" produzieren relativ verdünnte Milch.

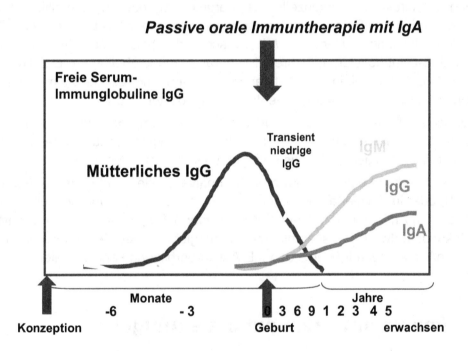

4.1.4.1.5.   IgA-Defizienzen: Häufigster Immundefekt

Etwa 1 von 800 Personen leidet an einer selektiven IgA-Defizienz und daher vermehrter Anfälligkeit für gastrointestinale Infektionen mit z.B. Salmonella, Campylobacter, Giardia lamblia und an Infektionen der Schleimhaut (z.B. Candida albicans, Herpes Viren). IgA Defizienz ist zudem überhäufig mit chronischer Diarrhoe, Immunkomplexerkrankungen, Nahrungsmittel-Allergien, Zöliakie und chronisch entzündlichen Darmerkrankungen (Colitis ulcerosa, Morbus Crohn), verknüpft.

4.2. Ignoranz, Abwehr, oder Toleranz

4.2.1. Die Immunorgane des Darmes

Der Darm hat die Aufgabe, nutritive Substanzen von potentiell gefährlichen zu unterscheiden. In gesundem Zustand bei intakter Barriere gelingt dies sehr gut. Prinzipielle Kriterien sind z.B. die relative Grösse. Kleinheit oder Löslichkeit wird prinzipiell als nicht-gefährlich, sondern nutritiv (mit Ernährungscharakter) eingestuft. Gegen diese Substanzen verhält sich das Immunsystem neutral, es besteht immunologische Ignoranz.

Grössere Antigene werden nur anerkannt und aufgenommen, wenn es einen spezialisierten Rezeptor dafür gibt (rezeptorvermittelte Endozytose, siehe z.B. VitB12). Sind sie unbekannt oder haben Partikelcharakter, dann müssen sie einen strengen Checkpoint durchlaufen, die Peyer´schen Platten (Peyer´s patches). Sie werden über darüberliegende M-Zellen (membranösen Zellen) des Follikel-assoziierten Epithels (FAE) unverändert aufgenommen und direkt den Immunzellen der darunter liegenden Lymphfollikel vorgeführt. Die M-Zellen gehen aus Enterozyten hervor, wenn benachbarte B-Lymphozyten Differenzierungsstimuli aussenden. Der „crosstalk" zwischen den beiden Zellarten erfolgt deshalb so gut, weil B-Lymphozyten mit ihren Membran-Immunglobulinen (=B-Zellrezeptoren; BCR) auf native, strukturell intakte Antigen angewiesen sind, da sie 3-dimensionale Epitope erkennen (nicht lineare Peptide wie die T-Lymphozyten, s.u.).

Die Peyer´schen Platten sind also sekundäre Lymphorgane, das heisst dass hier keine Abwehrzellen gebildet werden, sondern dass hier die Möglichkeit für Kontakte der B- und T-Lymphozyten mit Antigenen die aus dem Lumen kommen, gegeben ist.

Dies geschieht in „blind date" Format zwischen naiven Zellen und neuen Antigenen (Primärantwort), oder in definiertem Rahmen, und dann viel stärker und schneller, zwischen schon bekannten Antigenen und Gedächtnis (memory)-Zellen, die sich hier ebenfalls aufhalten (Sekundärantwort). Das dominante Immunglobulin der Sekundärantwort an der Mukosa ist IgA, aber auch IgM, IgG und IgE Antikörperbildung kann von hier aus eingeleitet werden.

4.2.2. Immunantworten auf orale Antigene

4.2.2.1. Antigenpräsentation entscheidet Immunantwort

Immunantworten im Darm die zu Immunität führen erfolgen nach den basalen Regeln der spezifischen Abwehr. Wichtig ist daher weiters, dass die Lymphorgane der Mukosa auch viele professionelle Antigenpräsentierende Zellen (APCs) wie Makrophagen, follikuläre dendritische Zellen und auch B-Lymphozyten enthalten. Dendritische Zellen haben durch ihre zellulären Ausläufer auch Kontakte ins Lumen. Sie können Antigene aufnehmen, zu kleineren Peptiden prozessieren und mit den Antigenpräsentationsmolekülen HLA (human leucocyte antigen) Klasse I oder HLA Klasse II präsentieren. Unterschiedliche Präsentation der Antigene hat den Sinn, dass es unterschiedliche Abwehrmethoden gegen z.B. Virusinfektionen und andererseits von Pathogenen geben muss, die sich ausserhalb der Zelle befinden.

Für die Präsentation viraler Proteine, die an den Ribosomen des RER (raues endoplasmatisches Retikulum) quasi als „endogene Antigene" durch Proteinsynthese gebildet werden, ist HLA Klasse I verantwortlich. Im ersten Fall ist die Lyse der virusbefallenen Zelle und komplette Desintegration deren Proteine und Ribonukleinsäuren zur Ausrottung notwendig, was durch zytotoxische T-Lymphozyten (Tc, oder CTL) geschieht. Sie erkennen durch ihren T-Zellrezeptor (TCR) das Peptid im HLA I-Präsentierteller der befallenen Zelle und können dann über Zytotoxizität die befallene Zelle „killen". Dabei kommt es zu einer engen Annäherung der Killer Tc-Zelle zur Zielzelle und einem „Todeskuss". Dann stanzt die Killerzelle in die Membran ihres „*target*" (Zieles) Löcher, indem Perforine Poren bilden. Durch diese werden toxische Enzymcocktails (Granzyme) geschleust, welche die Zielzelle töten und gleichzeitig zum Selbstmord durch Apoptose zwingen.

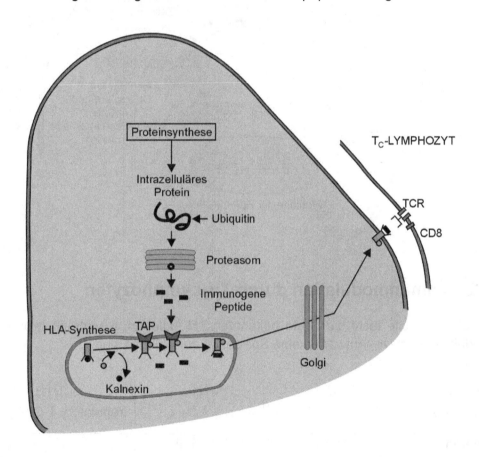

Für die Präsentation „exogener Antigene", also Proteine die von ausserhalb der Zelle kommen, sind HLA Klasse II Moleküle wichtig. Im diesem Fall sollen im Endeffekt Antigene ausserhalb der Zelle erkannt, opsonisiert oder neutralisiert werden. Dazu sind Immunglobuline geeignet. Andererseits sollen in manchen Situationen auch Makrophagen aktiviert werden, welche diese relativ kleinen Antigene phagozytieren können. Antikörper-Bildung sowie Makrophagenaktivierung erfolgt bevorzugt nach Zytokinhilfe von T-Helfer Lymphozyten stammend, und diese wiederum können nur spezifisch aktiviert werden, wenn sie HLA II präsentierte Peptide der Antigene erkennen. Als APCs kommen hier, neben Makrophagen und dendritischen Zellen, auch die B-Lymphozyten in Frage, die sich somit T-Zell Hilfe selbst organisieren können.

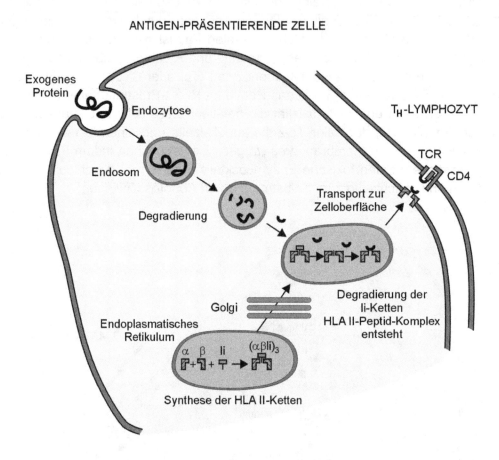

4.2.2.2. Immunmodulation durch TH-Lymphozyten

Die folgende Tabelle fasst die heute bekannten TH-Aktionen zusammen, wobei die immunmodulierenden TH$_3$-Antworten eine Spezialität der Mukosa sind.

Aktionen der TH-Lymphozyten	TH$_1$	TH$_2$	TH$_3$ regulatory T-Cell (T reg)
produzieren	IFN-γ, IL-2	IL-4, IL-5, IL-10	TGF-β
aktiviert durch	IL-2	IL-2 und IL-4	IL-4
machen	Makrophagen-aktivierung	IgG1, IgE Produktion	IgA Produktion
Supprimieren Immunreaktivitäten vom Typ	TH$_2$	TH$_1$	TH$_1$/TH$_2$ (immunmodulierend)

4.2.2.3. Kostimulation

Wenn die Antigenpräsentation durch professionelle APCs erfolgt, werden die T-Lymphozyten aktiviert, das heisst zur Proliferation und Zytokinproduktion gezwungen. Antigenpräsentation können die meisten Körperzellen, professionelle APCs liefern den T-Lymphozyten aber neben der Antigenpräsentation (1. Signal) noch einen weiteren „Kick", den man als Kostimulation bezeichnet (2. Signal). Dies ist eine Interaktion aus den B7-Molekülen (CD80 und CD86) der APCs und, auf der anderen Seite, CD28 der T-Lymphozyten.

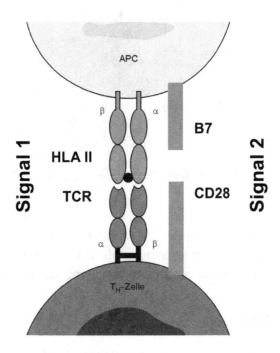

Auch B-Lymphozyten brauchen Kostimulation zur Aktivierung, sie wird durch die Interaktion von CD40 der B-Zelle und CD40 L (Ligand) des TH-Lymphozyten garantiert (siehe Allergen-Präsentation).

4.2.2.4. Peyer´sche Patches: Induktorstätten intestinaler Immunität

Im Falle der immunologischen Erkennung und erfolgter Aktivierung der Lymphozyten kann von den Peyer´schen Lymphfollikeln (oder über die mesenterialen Lymphknoten als nächste Instanz) zelluläre oder humorale (lösliche – Antikörper) Immunantwort induziert werden. Die Peyer´schen Platten sind somit Induktorstätten der intestinalen Immunabwehr (Immunität). Sie befinden sich gehäuft am terminalen Ileum mit starker Beteiligung des Appendix. Nach erfolgter intestinaler Infektion (beispielsweise mit Salmonellen) kann es innerhalb eines Tages zu extremer Lymphfollikelproliferation kommen, ähnlich dem Beispiel der geschwollenen Lymphknoten nach erfolgter Infektion, ebenfalls als Zeichen einer adaptiven (spezifischen) Immunantwort.

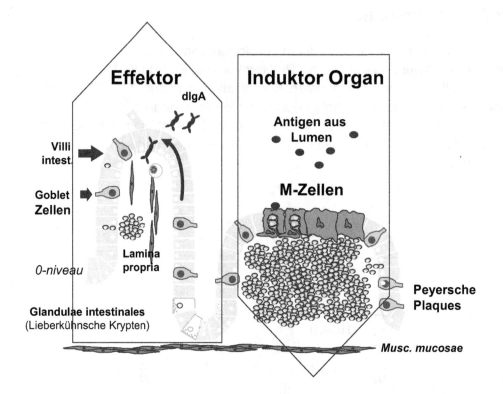

Effektorstätten der intestinalen Immunantwort sind die Villi und Krypten, wo Sekretion, z.B von sIgA stattfindet. Immunzellen sind sehr dynamisch in der Lamina propria, aber auch im intestinalen Epithel (beispielsweise intraepitheliale Lymphozyten, IEL) unterwegs.

4.2.2.5. Schluckimpfungen

Mukosale Immunität kann besonders gut durch Schluckimpfungen erzielt werden. Das Ziel ist, einer Infektion (z.B. mit dem Polio-Virus) über die Mukosa vorzubeugen (Prophylaxe). Gebildetes IgA kann Viren abfangen, neutralisieren, und deren Invasion verhindern. Mukosale Vakzinen haben aber auch systemische Immunantworten zur Folge, z.B. in Form von IgG Produktion. Um besonders guten Schutz zu erzielen, können die Impfstoffe durch Erkennungsmoleküle gezielt an die Immuninduktions-Stellen geleitet werden (*mucosal targeting*), oder mit Adjuvantien versetzt werden (Helferstoffe der Impfstofferzeugung) welche mukosale Immunantworten besonders gut stimulieren, z.B. Cholera toxin subunit B (CTB). (NB: Das Cholera Toxin gehört zu den klassischen AB-Toxinen: Teil (subunit) A ist das Toxin, Teil B vermittelt das Andocken an der Mukosa).

4.2.2.6. Unterschiedliche Antigene brauchen spezialisierte Abwehrsysteme

4.2.2.6.1. Thymusabhängige Antigene

In der Peripherie besteht die T-Zellpopulation zu 98% aus klassischen T-Lymphozyten mit αβ-Rezeptor (*T-cell receptor-2*; TCR-2). Das bedeutet, dass jeweils eine α- und eine β-Kette gemeinsam den TCR aufbauen. TCR-2 erkennt Peptide nur, wenn sie mit HLA-

Molekülen präsentiert werden (HLA Restriktion). Dies lernen die αβ–T-Zellen während ihrer Reifung im Thymus in der so genannten positiven Selektion und ist eine Schutzfunktion mit der mögliche Aktivierung von T-Lymphozyten durch zufällig herumschwirrende Peptide ausgeschlossen wird. αβ-T-Lymphozyten sind daher von antigenprozessierenden Zellen abhängig. Antigene, die nur in prozessierter Form (also als Peptide) T-Zellen aktivieren können, nennt man thymusabhängige Antigene und es sind ursprünglich immer Proteine. Für Antikörperantworten gegen sie ist T-Zellhilfe notwendig, die über Einleitung des Isotypswitch höherwertige Immunglobuline als IgM entstehen lassen.

4.2.2.6.2.   Thymusunabhängige Antigene.

Sie können auch aus Nicht-Proteinkomponenten wie Kohlenhydraten oder Fetten bestehen. Sie können auch unprozessiert und direkt Immunantworten hervorrufen, z.B. Bildung von IgM Antikörpern. IgM ist ein Immunglobulin, das mit niedriger Bindungsstärke jeweils einer einzelnen Fab-Domäne an ein einzelnes Epitop (niedrige Affinität) bindet. Dieses Manko gleicht es aber durch vielfache Bindungsmöglichkeit aus, da IgM als ein Polymer aus 5 einzelnen Immunglobulinen von der B-Zelle sezerniert wird. Es bietet daher gesamt 10 Bindungsdeterminanten an und gleicht niedrige Affinität durch hohe Avidität aus. Aus diesem Grund erkennt IgM auch besonders gut sich wiederholende Epitop-Motive (repetetive Epitope), wie z.B. Kohlenhydratdeterminanten an Bakterienwänden.

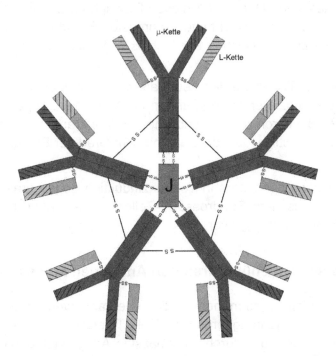

Da IgM der erste im Leben einer B-Zelle produzierte Isotyp ist, ist keine Hilfe durch TH-Lymphozyten für die Immunglobulinproduktion erforderlich, die Immunantwort des B-Lymphozyten und IgM Bildung kann daher thymusunabhängig erfolgen.

4.2.2.6.3.   T-Lymphozyten im Darm: TCR1 oder TCR2

Im Intestinum gibt es ebenfalls thymusabhängige, klassische T-Lymphozyten, aber genauso viele, die thymusunabhängig agieren, also gegen Nichtprotein-Epitope gerichtet sind. 80% davon haben das CD8+ Antigen, woraus man fälschlicherweise schliessen könnte, dass es sich um zytotoxische T-Zellen handelt.

50% aller intestinalen T-Lymphozyten tragen einen αα– oder αβ-TCR (TCR-2) und reifen im Thymus. T-Zellen mit αα–TCR-2 scannen nicht-klassische HLA Klasse I-Moleküle auf Epithelzellen, und nehmen nach Aktivierung einen sekretorischen Phänotyp an (Leishman et al. Science 2002).

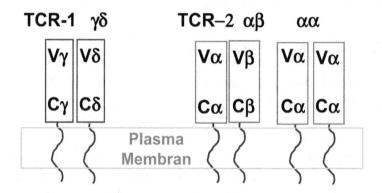

Im peripheren Blut liegt die Konzentration der γδ–T-Lymphozyten unter 2% der T-Zellen, immerhin 50% der intestinalen T-Lymphozyten tragen den γδ-TCR (TCR-1) und differenzieren im kleinen Intestinum. Der TCR-1 dieser T-Lymphozyten ist aus einer γ und einer δ–Kette aufgebaut. Eine ihrer vielleicht interessantesten Funktionen ist, dass sie IL-13 sezernieren können, ein Zytokin welches der Isotypswitch nach IgE einleitet, und Schleimproduktion fördern.

Nur T-Lymphozyten mit TCR-1 werden heute als wahre intraepitheliale Leukozyten (IEL) angesehen, die IL-6 produzieren können und in der Wundheilung partizipieren (Jameson et al. Science 2002). Bei chronisch entzündlichen Darmerkrankungen gehört die Zählung der IELs heute zur Diagnostik, wobei die Zahl mit dem Grad der Entzündung korreliert.

T-Zellpopulationen wirken besonders in Toleranzinduktion gegen orale Antigene mit und wurden früher den klassischen „Suppressor-T-Zellen" zugerechnet, heute zieht man die Bezeichnung *regulatory T-cell* (T$_{reg}$) vor.

4.2.2.6.4.   Toleranz gegenüber fremden Antigenen muss erlernt werden

Der Darm hat das Problem, dass manche Antigene erkannt werden, aber toleriert werden sollen, wie beispielsweise Nahrungsproteine. Orale Toleranz ist dann ein aktiver Prozess und das Gedächtnis daran muss durch regelmässige Antigenaufnahme erhalten werden. Während vormals T-Suppressorzellen dafür verantwortlich gemacht wurden, stellt man sich den Prozess heute folgendermassen vor: Wie wir oben schon gesehen haben, können Enterozyten Proteine durch Pinozytose aufnehmen, prozessieren und mit HLA Klasse II präsentieren. Im Gegensatz zu professionellen APCs, können Epithelzellen aber nicht kostimulieren. Daher kann ein zufällig vorbeikommender T-Lymphozyt mit dem passenden TCR das Peptid im HLA-Präsentierteller zwar erkennen, wird aber nicht aktiviert. Der T-Lymphozyt verfällt sogar in einen Zustand der absichtlichen Nicht-Reaktivität, der in der Immunologie als Anergie bezeichnet wird.

Antigentransfer durch Epithel- oder M-Zellen

Small things Big things

Endozytose
Phagosomen
Lysosomen

B

M

T

T B

Epithelzellen:
MHC II Präsentation,
aber keine Kostimulation
TOLERANZ

B-Zellen, Makrophagen:
MHC II Präsentation
und Kostimulation
IMMUNITÄT

Die entstehende „periphere Toleranz" ist also ein aktives Phänomen. Es scheinen hier nicht T-Suppressorzellen zu wirken, sondern umgekehrt, T-Zellaktivität wird supprimiert. Bei Patienten mit Nahrungsmittelallergie gegen Milch werden Tolerisierungsversuche mit kleinsten und dann ansteigenden Milchmengen (unter Notfallmedizinischer Betreuung wegen der Gefahr einer Anaphylaxie) durchgeführt. Der langfristige Therapieerfolg dieser Behandlung hängt von späterer kontinuierlicher Milchgabe ab (NB. Zentrale Toleranz entsteht im Thymus für die T-Lymphozyten, im Knochenmark für die B-Zellen durch negative Selektion. Hier werden körpereigene Antigene präsentiert, bei Erkennung wird der Lymphozyt durch Apoptoseinduktion ausgelöscht, ein wichtiger Mechanismus zur Vermeidung von Autoimmunerkrankungen).

4.2.2.6.5. IgE Antikörper als Abwehrmassnahme gegen Parasiten

Bei parasitären Infektionen des Gastrointestinaltraktes wird der Körper oft wiederholt mit Wurmantigenen konfrontiert, was zu IgE-vermittelter Überempfindlichkeit führt. Die Schlüsselzellen für die erste Wurm- (und auch Allergen-) Erkennung sind heute noch unbekannt, gammadelta-T-Lymphozyten sind interessante Kandidaten. Was man aber sicher weiss ist, dass die nach Antigenerkennung gebildeten Zytokine IL-4 und IL-13 eine wichtige Rolle durch IgE-Induktion spielen, IL-5 durch Eosinophilen Rekrutierung und Steigerung der IgE Produktion.

Ähnlich wie bei der Typ I Allergie (siehe Kapitel weiter unten), gibt es bei Wurminfektionen eine Sensibilisierungsphase, wenn der Wurm oder die Wurmeier durch Verschlucken aufgenommen werden. Nach hämatogener Wanderung durch Leber und Lunge wird der Wurm nach Aushusten wieder verschluckt und gelangt so zum zweiten Mal in den Darm.

Da während der Reise IgE gebildet wurde, das bereits im Gewebe an den hochaffinen IgE Rezeptoren (FcεRI) an der Effektorzellen sitzt, setzt nun die Effektorphase ein, es kommt zum Triggering und Mediatorfreisetzung der Mastzellen, bzw. oxydative burst der nun vermehrten eosinophilen Granulozyten (siehe oben, ADCC Reaktion). Der Parasit wird also mehrfach angegriffen, direkt toxisch, als auch durch histaminvermittelte Motorik des Darmes und Sekretion von Schleim, was teilweise erfolgreich zur Ausstossung der Parasiten oder ihrer Teile führt (auch ein Ziel der Parasiten, die wieder verteilt werden wollen). Die verstärkte Sekretion von Schleim findet übrigens nicht nur im Darm, sondern auch in der Lunge statt, was zu bronchopulmonalen Beschwerden führen kann.

Insgesamt ist es bis heute nicht wirklich klar, ob IgE bei Wurminfektionen wirkliche Abwehrfunktion einnimmt oder krank macht. In der Typ I Allergie (siehe nächstes Kapitel) wirkt IgE eindeutig krankmachend, es könnte sich um ein Fehlverhalten der Immunabwehr handeln, weil in diesem Fall vollkommen ungefährliche Dinge wie Proteine aus Hausstaubmilben, Gräserpollen oder Nahrungsmitteln angegriffen werden. Die Erklärung war bislang, dass wegen ungenügender Wurminfektionen in unseren Breiten das Immunsystem nicht gesättigt ist, und daher gegen Allergene losgeht.

Möglicherweise haben IgE-Immunglobuline Abwehrfunktion gegen Tumoren, denn neueste epidemiologische Daten zeigen eine signifikant negative Korrelation zwischen Allergien und dem Auftreten von Tumoren (Turner, M. C. et al, Am J Epidemiol 162:212). Damit kongruent ist die Tatsache, dass bei Asthmatherapie mit dem anti-IgE Antikörper Omalizumab eine erhöhte Rate an Malignitäten beobachtet wurde. Omalizumab wird als passive Immuntherapie verabreicht, und verringert die Menge von IgE, welches u.a. bei allergischem Asthma krankmachend wirkt. Allergisches Asthma bronchiale kann dadurch therapiert werden. Die geringfügig erhöhte Rate an Tumoren in behandelten Patienten (Inzidenz 0,5%) im Vergleich mit der Normalbevölkerung (0,2%) hat die FDA (NB: Food and Drug Administration, Amerikanische Zulassungsbehörde für Arzneimittel) doch immerhin bewogen, Firmen die Pharmaindustrie zu entsprechenden Warnungen in den Beipackzetteln für Omalizumab zu verpflichten.
(http://www.fda.gov/cder/foi/label/2003/omalgen062003LB.pdf).

Zusammengefasst muss man sagen, dass die physiologische Rolle des IgE Isotyps bis heute nicht restlos geklärt ist.

4.3. Nahrungsmittel: Intoleranzen oder Allergien

15% der Bevölkerung leiden heute an Nahrungsmittelunverträglichkeiten und glauben, eine Nahrungsmittelallergie haben. Nach allergologischer Diagnostik bleiben nur etwa 8% kindliche und 2-3% erwachsene Patienten über, die an einer echten Nahrungsmittelallergie leiden. Die Tabelle gibt einen Überblick über mögliche Reaktionen.

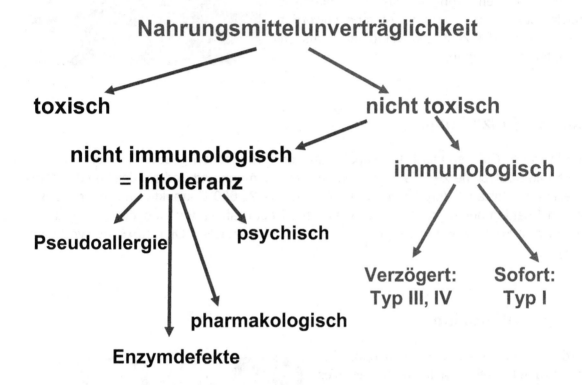

4.3.1. Vergiftungen mit Nahrungsmitteln

Unter den Begriff toxisch (giftig) fallen eine Vielzahl unterschiedlicher Substanzen, die Körperzellen direkt schädigen oder deren Stoffwechselwege blockieren, die als falsche Neurotransmitter wirken und mehr.

4.3.1.1. Zyanide

(Salze der Blausäure) sind in Zwetschken, Marillen und verwandten Früchten (Prunoidae) enthalten, und zwar besonders in deren Kernen. Sie wirken toxisch, wenn durch Hydrolyse Blausäure freigesetzt wird. Diese bindet sich irreversibel an das Eisen des Hämoglobins und verhindert dadurch, dass Sauerstoff gebunden werden kann. Folge: innere Erstickung. Die tödliche Dosis für Menschen liegt bei 1 bis 2 mg/kg Körpergewicht.

4.3.1.2. Solanine

sind Alkaloide, die in Nachtschattengewächsen, wie rohe Kartoffeln, Kartoffeltriebe und -augen, unreife Tomaten, oder Paprika vorkommen. Ihre Konzentration steigt bei Lagerung. Sie werden durch Kochen deaktiviert. Symptome sind Kopf- und Magenschmerzen, Übelkeit, Erbrechen, Durchfall, Nierenreizungen, bis zu Hämolyse, Kreislaufstörungen - und Atembeschwerden, Schädigungen des zentralen Nervenssystems mit Krämpfen, Lähmungen.

4.3.1.3. Colza Toxine

sind in Raps (*Colz;* spanisch für Raps) enthalten und machen gastrointestinale Symptome, sowie Kopfschmerzen bis Lungenödem, Atemlähmung und Tod als Zeichen der ZNS-Beteiligung. Colza-Öl Vergiftung hat 1981 mehr als 20.000 Erkrankte und mehr als 300 Tote in Spanien gefordert, Koch-Öle waren mit illegal raffinierten Rapsölen versetzt, die durch Anilin kontaminiert waren, ein Stoffzusatz in industriellen Ölen (*toxic oil syndrome;* TOS).

4.3.1.4. Aflatoxine

werden in der Biotransformation epoxidiert und dadurch sehr reagil, verbinden sich also gerne mit Proteinen und Nukleinsäuren (Mutationen). Sie sind lebertoxisch und verursachen Symptome einer akuten Vergiftung mit Übelkeit, Erbrechen, nach lange andauernder Exposition sind sie Ursache eines Leberzellkarzinom. Aflatoxine kommen in Schimmelpilzen vor und sind ein Problem bei schlechter oder langer Lebensmittellagerung, wie man an dem schimmeligen Brot in der Abbildung sehen kann (siehe auch unter Biotransformation)

4.3.1.5. Fischvergiftungen

Die meisten Fischvergiftungen gehen auf eine Überbesiedlung mit Pathogenen zurück, bedingt durch unsachgemäße Lagerung. Mehr als 50 verschiedene Gifte (Toxine) sind bekannt.

4.3.1.5.1.   Ciguatera

verursacht etwa 8 % aller Fischintoxikationen und tritt beim Genuss von ansonsten ungiftigen Fischen auf. Ursache sind Meeresalgen (Dinoflagellaten), welche ein hitzestabiles und fettlösliches Nervengift bilden, das über die Nahrungskette in die Fische gelangt, bei ihnen selbst aber nicht wirkt. Es beginnt u.U. nach Minuten ein zweitägiger Brechdurchfall mit Bauchschmerzen, gefolgt von verschiedenen kardio- und neurologischen Störungen, bis zu lebensbedrohlicher Hypotonie und Bradykardie. Tod in etwa 0,2% aller Fälle, es gibt kein Gegengift.

4.3.1.5.2.   Fugu

Vergiftungen durch den Kugelfisch, dessen Fleisch (Fugu) in Japan als Delikatesse verzehrt wird. Kugelfische produzieren ein Neurotoxin (Tetrodotoxin), Die Symptome sind körperliche Schwäche, Parästhesien, periphere und schließlich Atemlähmung

4.3.1.5.3.   Scrombotoxin- und Histaminvergiftung

Scrombotoxine und Histamin sind vasoaktive Amine, die ähnliche Symptome wie die Histaminintoleranz (siehe unten), verursachen, also Kopfschmerzen, Fieber, Übelkeit, Erbrechen, Flush Symptomatik (anfallsartige Rötung Gesicht, Dekolletee). Sie kommen bei bakteriellen Überwuchs auf Nahrungsmitteln vor. Die decarboxylierenden Enzyme von Bakterien verwandelt Histidin und andere Aminosäuren in deren Amine, z.B. Histamin. Dies geschieht in Massen schon während der Produktion mancher Produkte (Schweizer Käse) oder nach Verderben von Nahrung, insbesondere Fisch (Thunfisch, Mahi mahi – Delphinfisch), z.B in schlecht konservierter Dosennahrung.

4.3.1.6. Atropin

ist als Arzneimittel als Parasympathikolytikum im Einsatz. Vergiftungen kommen über Genuss giftiger Pflanzen zustande, z.B. der Tollkirsche (*Atropa belladonna*; ein Nachtschattengewächs), Alraune, Engelstrompete, Stechapfel oder Verwechslungen mit essbaren Beeren zustande. Symptome sind durch Vaguslähmung erklärbar: Herzrasen Weitstellung der Bronchien und der Pupillen (Mydriasis), trockene Schleimhäute, Hautrötungen, Halluzinationen, Bewusstlosigkeit, bei Atemlähmung tödlicher Ausgang.

4.3.1.7. Nahrungsmittelvergiftung mit Bakterien

Siehe Salmonellen in Kapitel Diarrhoe

4.3.1.8. Pilzvergiftungen

Mehr und mehr Pilzgifte werden durch die jährlich auftretenden Vergiftungen von Schwammerlsuchern oder – essern entdeckt und es kommen laufend neue Typen dazu. Man unterscheidet sie anhand der Latenzzeiten, bis die Symptome auftreten.

4.3.1.8.1.   Pilze mit Wirkung nach langer Latenzzeit

4.3.1.8.1.1.   Phalloides-Syndrom

Vergiftung durch die Amatoxine des grünen, weissen oder Frühlings-Knollenblätterpilzes (Amanita) ist für die meisten tödlichen Pilzvergiftungen verantwortlich, Die Gifte sind kochfeste Polypeptide. Amatoxine hemmen die m-RNA Synthese der Zellen und damit die Proteinsynthese, und führen zum Zelltod. Zellen mit hoher Stoffwechselrate, die Leberzellen, sind zuerst betroffen. Nach 8 - 24 Stunden kommt es zu heftigem Brech-Durchfall, typisch ist Besserung nach 2 Tagen, daraufhin am 3. Tag folgt aber Leberversagen. Die Toxizität der Amanitine ist sehr hoch. Die tödliche Dosis für einen erwachsenen Menschen beträgt um 5mg, also etwa ein halber Pilz. Mögliche Behandlung: Lebertransplantation.

4.3.1.8.1.2.   Orellanus-Syndrom (durch nephrotoxische Cortinarien-Pilze)

Es wurde in den 50er Jahren durch eine rätselhafte Massenerkrankung in Polen mit vielen Toten entdeckt. Die Verursacher sind gelbe Pilze (Orellanus; schöngelber Klumpfuss), die Eierschwammerl (Pfifferlingen) entfernt ähnlich sehen und ein fluoreszierendes Gift, das Orellanin, enthalten. Nach einer Latenzzeit von mehreren Tagen kommt es zu Durst, Kopfschmerzen, Übelkeit, Zeichen einer beginnenden Nierenschädigung bis zu Nierenversagen. Mögliche Therapie: Nierentransplantation.

4.3.1.8.1.3.   Gyromitrin-Syndrom:

Vergiftung durch die Frühjahrslorchel (Gyromitra esculenta) kommen immer wieder vor, auch wenn man versuchte das Gift (Gyromitrin) durch langes Abkochen zu entfernen (früher gebräuchliches Verfahren, war auch Marktpilz). Der Metabolismus konvertiert Gyromitrin allerdings in Monomethylhydrazin umgewandelt, das auch als Raketentreibstoff bekannt ist. Symptome sind Übelkeit, Erbrechen, Kopfschmerzen bis zu Leberschäden ZNS-Störungen und Tod (Hirnödem, Atemstillstand).

4.3.1.8.2.   Pilze mit Wirkung nach kurzer Latenzzeit

4.3.1.8.2.1.   Muscarin-Syndrom (durch Risspilze, Trichterlinge u.a.)

Erhielt seinen Namen vom Fliegenpilz (*Amanita muscaria*), der das Gift Muscarin enthält. Grössere Mengen sind allerdings in Trichterlingen (Clitocybe), sowie Risspilzen (Inocybe) enthalten. Muscarin erklärbar ist ähnlich aufgebaut wie Acetylcholin, und besetzt die Synapsen der Neuronen. Die Symptome sind daher von parasympathischer Natur: Speichel- und Tränenfluss, Schweißausbrüche, Übelkeit und Erbrechen, Sehstörungen, Atemnot, und verlangsamter Puls. Gegengift (Antidot): Atropin.

4.3.1.8.2.2.   Pantherina-Syndrom (durch Fliegen- und Pantherpilze)

Diese Pilze wurden früher in Mexiko zu rituellen Zwecken in getrockneter Form eingenommen, weil sie Rauschzustände hervorrufen. Es beginnt mit Schwindel, dann kommen psychische Symptome (Halluzinationen, Exzitation, Raserei,…) hinzu, gefolgt von tiefem Schlaf. Selten Tod. Das Gift ist Ibotensäure, die beim Trocknen in das vielfach wirksamere Muscimol umgewandelt wird.

4.3.1.8.2.3.   Psilocybin-Syndrom (durch „Rauschpilze")

Sie enthalten LSD-ähnliche Stoffe mit halluzinogener Wirkung, heute von Interesse in der Drogenszene. Nach einer halben Stunde Hitzegefühl, dann Farb- und Geräuschhalluzinationen. Euphorie oder Angstzustände.

4.3.1.8.2.4.   Gastrointestinales Syndrom

Viele Pilze fallen in diese Kategorie, die Vergiftungssymptome (Brechdurchfälle nach der Mahlzeit) sind zumeist harmlos und nach 1-2 Tagen vorbei.

4.3.2. Intoleranzen gegenüber Nahrungsmittel

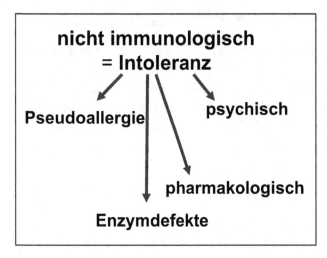

...sind nicht-immunologisch vermittelte Reaktionen, darunter fällt eine breite Paillette von Möglichkeiten. z.B. psychisch vermittelte Reaktionen durch Aversion: Vegetarier mögen die Konsistenz des Fleisches nicht, Kinder keinen Spinat, etc. Die Abneigung kann bis zu Übelkeit und Erbrechen, Bauchschmerzen führen.

4.3.2.1. Enzymdefekte

Hier handelt es sich prinzipiell um organische Defekte, die den enzymatischen Abbau eines Nahrungsstoffes behindern.

4.3.2.1.1. Laktoseintoleranz

Der häufigste Enzymdefekt betrifft das Laktose (Milchzucker) -abbauende Enzym Laktase. Physiologisch kommt Laktoseintoleranz: bei 10-15% der adulten Europäer vor, die als Kind Milchzucker vertragen, as adulte aber nicht mehr. In Asien sind es etwa 50%, die im Laufe des Lebens milchunverträglich werden.

Laktose ist ein Disaccharid aus Glukose und Galaktose, das normalerweise durch bürstensaumständige Enzyme (Laktasen) in Monosaccharide gespalten wird. Fällt diese Enzymaktivität aus, wird Laktose durch Bakterien fermentiert, es entstehen kurzkettige Fettsäuren, die saure Stühle verursachen, sowie CO_2 und H_2, die als Gase Meteorismus (Blähungen) und Flatulenz (Winde) verursachen, aber auch vermehrt resorbiert und abgeatmet werden.

Symptome: Die primäre (angeborene) Form wird bei der ersten Milchfütterung bemerkt, wenn der Säugling Schmerzen durch Blähungen entwickelt, und die Stühle voluminös und übelriechend werden.

Die zweite Form einer primären Laktose-Intoleranz (oder "Alaktasie") entsteht, weil die Laktaseaktivität während der Entwicklung abnimmt, und verursacht daher Beschwerden erst im Erwachsenen-Alter.

Eine sekundäre Laktose-Intoleranz ist die Folge einer Schädigung der Darmschleimhaut durch eine Erkrankung, zum Beispiel eine gastrointestinale Infektion, Zöliakie, Morbus Crohn oder Colitis ulcerosa. Die betroffenen Zellen können keine Laktase mehr produzieren, die Veränderung ist aber prinzipiell transient

Diagnostik: Da es sich bei der primären Form um einen genetischen Defekt handelt, kann seit kurzem die vom Team um Doz. Dr. Berg in Linz entwickelte Laktase-PCR eingesetzt werden (siehe Prinzip der PCR in Kapitel Mukoviszidose). Dieser Test hilft festzustellen, ob es sich um eine lebenslange, oder eine vorübergehende Defizienz durch Bürstensaumdefekte nach einer viralen oder bakteriellen Gastroenteritis (sekundär) handelt. (NB: Die transiente Milchunverträglichkeit ist ein Grund, warum bei Durchfallerkrankungen Milch vermieden wird - Tee-Zwieback Diät).

Neben der spezifischen Diagnose kann der H_2-Atemtest eingesetzt werden (siehe Kohlenhydratmalassimilation).

Therapie: Laktosevermeidung. Z.B. fermentierte Milchprodukte wie Joghurt sind günstig.

4.3.2.1.2.   Galaktosämie

Laktose (Milchzucker) besteht aus Glukose und Galaktose. Nach Spaltung muss Galaktose erst in UDP-Glukose umgebaut werden, um als Energieträger zur Verfügung zu stehen. Bei diesem Umbau sind im Wesentlichen folgende Leberenzyme wesentlich: Galaktokinase, GALT (Galaktose-1-Phosphat- Uridyltransferase), sowie eine Epimerase.

Ist eines dieser Enzyme defekt, fallen Galaktose, oder Galaktose-1-Phosphat an, die direkt zellschädlich wirken, bzw. zu in der Leber akkumulierenden Stoffwechselprodukten verarbeitet werden.

Symptome: Bei schweren Formen geht es den Kindern in den ersten Lebenstagen nach Milchfütterung zunehmend schlecht, sie sind trinkunlustig, erbrechen, werden apathisch. Es kommt zu einer Leberschädigung und Ikterus gravis, die Augenlinsen trüben sich (Katarakt) durch das Nebenprodukt Galaktitol. Weitere Folgen sind Hepatomegalie mit zunehmender Leberfunktionsstörung und späterer Leberzirrhose, sowie Nierenfunktionsstörung. Die erwachsene Galaktosämie zeigt sich

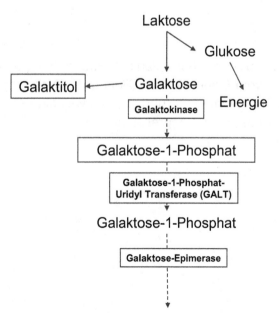

mit Störungen der Feinmotorik, geistiger Retardierung und Unfruchtbarkeit bei Frauen.

Diagnostik: Der Erbgang der Galaktosämie ist autosomal rezessiv und die Inzidenz liegt bei unter 1: 20.000. Galaktosämie wird heute über das Neugeborenen-Screening erkannt. Die Diagnose stützt sich auf die Mengenbestimmung von Galaktose und Galaktose-1-Phosphat, Bestimmung der GALT, sowie Mutationsanalyse durch PCR.

Therapie: Galaktosearme Diät. Auch Hülsenfrüchte, Obst und Gemüse enthalten Galaktose.

4.3.2.1.3.   Phenylketonurie

Die aromatische Aminosäure Phenylalanin nimmt eine Schlüsselposition im Tyrosin – Dopa – Adrenalin und Melaninstoffwechsel ein. Fehlt das Enzym Phenylalanin-Hydroxylase (Inzidenz 1:1000), fällt Phenylalanin vermehrt aus der Nahrung und Zellen an (normal 1-20 mg/ml, dann 20fach mehr). Zugleich kommt es zu einem Tyrosinmangel.

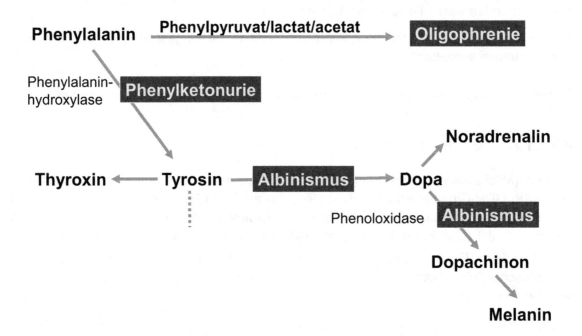

Symptome: Phenylalanin verdrängt kompetetiv zudem Tryptophan, welches normalerweise vom Gehirn für die Bildung des Neurotransmitters Serotonin benötigt wird. Dauernder Serotoninmangel führt zu Schwachsinn (Oligophrenie), Bewegungs- und Koordinationsstörungen und Aggressionen.

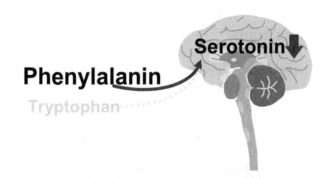

Phenylalanin wird verstoffwechselt und dabei Phenylpyruvat, -laktat, –azetat, sowie Phenylazetylglutamin gebildet. Diese Phenylketonkörper sind toxische Abbauprodukte und für die Symptome verantwortlich und werden im Urin und im Blut gefunden (Phenylketonurie). Die Patienten zeigen epileptische Anfälle, Muskelhypertonie, Mikrozephalie, Hypopigmentierung der Haut und einen unangenehmen Geruch nach Azeton.

Diagnose: Ein wesentlicher diagnostischer Test (Guthrie-Test, nach dem Bakteriologen Robert Guthrie) beruht darauf, dass Bakterium subtilis besonders gut unter Anwesenheit von Phenylalanin gedeiht. Eine Bakterienkultur mit dem Blutstropfen eines kranken Kindes auf einem Objektträger inkubiert beginnt dann zu spriessen und bildet eine Kolonie, während normales Blut das Wachstum nicht stimuliert. Wegen der schwerwiegenden Folgen der Erkrankung werden heute alle Neugeborenen in Österreich am 5. Lebenstag auf die Erkrankung gescreent.

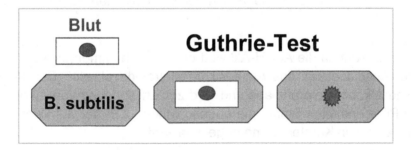

Therapie: phenylalaninarme Kost mit Vermeidung von Fleisch, Wurst, Fisch, Käse, Eier, und milchhaltigen Süßigkeiten. Phenylalanin ist auch im künstlichen Süssstoff Aspartam enthalten.

4.3.2.1.4. Alkoholintoleranz

Die Alkoholdehydrogenase (ADH) und die Acetaldehyd-Dehydrogenase (ALDH) in der Leber sind die alkoholabbauenden Enzyme.

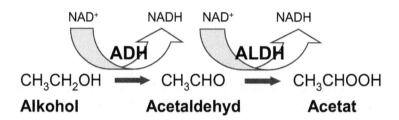

Acetaldehyd-Dehydrogenase (ALDH)-Defizienz

Dabei entwickeln die Betroffenen genetisch bedingt akute Symptome nach Genuss geringer Alkoholmengen: Gesichtsröte und Hitzegefühl (*flushing*), Herzfrequenzsteigerung, Muskelschwäche. Asiaten reagieren relativ öfter als kaukasische Bevölkerungen, z.B. bei den Indianern war Alkohol als „Feuerwasser" verheerend wirksam. Die Intoleranz wird durch erhöhte Acetaldehyd-Konzentrationen im Körper verursacht, die beim Abbau von Alkohol entstehen. Durch die erhöhten Acetaldehydspiegel wird über Katecholamine die Gefäßerweiterung ausgelöst. Die Ursache bei Asiaten ist, dass die Acetaldehyd-Dehydrogenase (ALDH)-2-Isoenzym-Aktivität vermindert ist, was zu einem Anstau von Acetaldehyd führt. Die Ursache für Flushes in den europäischen Betroffenen ist noch nicht geklärt.

Auch *Medikamente* können die ALDH-Aktivität der Leber hemmen, wie Sulfonamide, Sulfonylharnstoffe (Antidiabetika), das Antibiotikum Metronidazol, etc. Disulfiram (Antabus) löst ebenso eine Alkoholintoleranz aus und wird zur Entwöhnung von Alkoholikern eingesetzt. Manche Pilze enthalten Stoffe, die ebenso wirken, z.B. der auf Wiesen wachsende Schopftintling, der u.a. in Kärnten gerne gegessen wird.

Eine weitere Variante der Alkoholintoleranz ist dadurch bedingt, dass manche Personen eine atypische Form der Alkohol-Dehydrogenase (ADH_2) tragen, die eine um 20% erhöhte Alkoholabbaurate bedingt, welche zusätzlich den Acetaldehydspiegel erhöht.

Therapie: Alkoholkarenz

4.3.2.1.5. Histaminintoleranz.

Histamin wird normalerweise durch das Enzym Diaminooxidase (DAO) in Abhängigkeit von Vitamin C, Vit B6 und Cu abgebaut. Etwa 1% der Bevölkerung leidet an Defizienz dieses Enzyms und daher an Symptomen, die durch nicht-abgebautes Histamin vermittelt werden: Flush (anfallsartige Hautrötung, besonders im Gesicht- und Dekolleteebereich) und Hitzewallungen, Kopfschmerzen und Übelkeit, Diarrhoen, Stimmungsschwankungen, Blutdruckabfall mit Herzklopfen, evtl Urtikaria, Juckreiz, Asthmaanfall.

Bei Genuss histaminreicher Nahrung, wie Käse, Sauerkraut, Weine, etc. (siehe unten) treten die Symptome verstärkt auf. Auch Suchtgifte können zu Histaminfreisetzung in den Kreislauf beitragen (z.B. Codein). Die Aktivität des Enzyms kann heute aus Blutproben im ELISA (Enzyme-linked Immuno Sorbent Assay) festgestellt werden. Prof. Jarisch und Team aus dem Floridsdorfer Allergiezentrum (FAZ) hat wesentlich zum Verständnis dieser Erkrankung und deren Diagnostik beigetragen.

Therapie: Diätvorschriften mit Angaben der Histaminmengen in den diversen Speisen.

4.3.2.1.6. Chinarestaurant-Syndrom

Glutamat (E620) kommt natürlich in Zitrusfrüchten, Spinat und Tomaten und deren Verarbeitungsprodukten (Ketchup) vor, wird aber auch in vielen Chinarestaurants als Geschmacksverstärker eingesetzt. Wie Histamin wird es durch die DAO abgebaut. Daher kommt Glutamatunverträglichkeit oft kombinierte mit Histaminintoleranz vor, auch die Symptome sind sehr ähnlich.

4.3.2.1.7. Favismus

Die Glucose-6 Phosphat-Dehydrogenase ist das Schlüsselenzym im Pentosephosphatweg und katalysiert die Umwandlung von Glucose-6-Phosphat zu Gluconsäure-6-Phosphat. Die dabei entstehenden Reduktionäquivalente NADPH und reduziertes Glutathion, bewahren die Erythrozytenmembranen und andere Zellstrukturen vor Schädigung durch Oxydation.

Bei einem funktionellen Defekt, wenn die Bereitstellung von NADPH eingeschränkt ist, besteht daher eine größere Empfindlichkeit gegenüber reaktiven Sauerstoffspezies, wie Peroxiden und freien Radikalen. In einem X-chromosomalen Erbgang kommt es häufig beim männlichen Geschlecht zu Glucose-6 Phospho-Dehydrogenase-Mangel (G-6-PD). Die Prävalenz in Mitteleuropa liegt bei 0,1 - 0,3%, in einigen Mittelmeer-Ländern, Afrika und Asien bei 3,0 - 35,0%. Bei etwa 25 % der defizienten Personen kommt es zu klinischen Folgeerscheinungen in Form von verlängertem Neugeborenenikterus und mit eventueller hämolytischer Anämie. Die gutartige Variante ist der G-6-PD A-, der in der schwarzen Bevölkerung Afrikas auftritt. Die im Mittelmeergebiet (und Deutschland) häufig vorkommenden Variante „G-6-PD-Mediterranean" ist erheblich schwerer. Der Gen-Defekt kann mittels PCR-Methode nachgewiesen werden.

Auslöser hämolytischer Krisen sind Medikamente (Antimalariamittel, Chloroquin), aber auch der Genuss von Saubohnen (Fava; keine Bohnen- sondern eine Wickenart, beinhalten Anthrachinon) kann Favismus bewirken. Nach 1 - 3 Tagen tritt Blässe und Abgeschlagenheit auf, von der Höhe des Hämoglobinwertes hängt es ab, ob ambulant oder stationär vorgegangen wird. Eine Erhöhung der LDH (Laktat-Dehydrogenase), sowie ein herabgesetztes Haptoglobin (Protein, das an freies Hb bindet und dieses über die Leber aus der Zirkulation entfernt), sind Indikatoren für die Hämolyse. Je nach Ausmass kommt es zum Ikterus, evtl. Hämoglobinurie und Nierenschaden. In den schwersten Fällen ist mit einem letalen Ausgang zu rechnen.

Therapie: Bluttransfusionen.

4.3.2.2. Pharmakologische Nahrungsmittelintoleranzen

Viele Nahrungsmittel enthalten aktive Substanzen, die bei Verzehr grösserer Mengen pharmakologische Wirkung entfalten.

Pharmakologisch wirksame Nahrungsinhaltsstoffe:

Vasoaktive Monoamine:		
Histamin	Sauerkraut, Weisswein, Käse, Wurst	Flush, Hypotonie, Übelkeit, Diarrhoe,
	Tomaten, Spinat, Schokolade,	Kopfschmerz, Asthma
	Melanzani, Dosenfisch, Pökelfleisch	(siehe auch H.intoleranz)
Tyramin	Grapefruits, Kartoffel, Kohl, Käse, Schokolade	ähnlich Histamin
	In Kombination mit Antidepressiva:	Hypertensive Krisen
Phenylethylamin Octopamin, Phenylephin	Schokolade	Kopfschmerzen, Übelkeit
Tryptamin	Tomaten, Walnüsse, Avocados	Kopfschmerz, Übelkeit
5-OH-Tryptamin	Bananen, Avocados	Kopfschmerz, Übelkeit

Vasoaktive Diamine:		
Cadaverin, Putrescin	fermentierte Nahrungsmittel	Kopfschmerz,
Spermidina	Schweinefleisch, Weizenkeime	Übelkeit
Koffein	Kaffee, Tee, Cola	Unruhe, Herzklopfen,
		Schlafstörung,
		Kopfschmerz
Zusatzstoffe		
Azofarbstoffe	Buttergelb	Krebsauslösend,
(werden heute durch	(Tartrazin-Gelb)	verwendet bis 1950.
natürliche Farben ersetzt)		
Allurarot E129:	z.B. in Wurstwaren	vermutlich beteiligt an
		hyperkinetischen
		Syndromen:
		Zappelphilipp-Kinder
		mit Lernstörungen,
		Erregbarkeit, und
		Schlafstörungen.
Salicylsäure, Phosphat, Aromen		hyperkinet. Syndrom

4.3.2.3. Pseudoallergien

Hier kommt es zur Triggerung der Freisetzung von Mediatoren besonders aus Mastzellen, weniger aus basophilen Granulozyten, ohne dass spezifisches IgE wie bei der echten Allergie im Spiel ist. Die Auslöser können z.B. Lektine (Glykoproteine) aus Pflanzen sein, oder auch tierische Proteine (Muscheln, Shrimps). Bei der Aufnahme grosser Mengen der Nahrung legen sich Lektine oder Proteine an Mastzellmembranen an und können die hier sitzenden hochaffinen IgE Rezeptoren (mit oder ohne IgE dran) kreuzvernetzen - Histaminrelease wird getriggert.

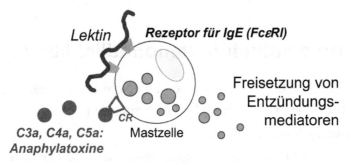

Pseudoallergisch - anaphylaktoid

Der wesentliche Unterschied zur echten Allergie ist, dass die Dosis gösser sein muss und kein immunologisches Gedächtnis besteht. (NB: Bei der Allergie gegen Nahrungsmittel kann der nächste Genuss schon kleinster Mengen u.U. lebensgefährliche Reaktionen zur Folge haben).

Die Symptome der Pseudoallergie sind histaminvermittelt und dauern nur kurz an (einige Stunden): Kopfschmerz, Blutdruckabfall, Übelkeit, Hautreaktionen (Urtikaria = Nessel-sucht, Juckreiz). Kinder z.B. können nach dem Genuss von Erdbeeren flüchtige Nessel-ausschläge entwickeln.

Histamin-releaser Nahrungsmittel	Symptome: Pseudoallergie
Eiweiss	Eier, Shellfisch, Erdbeeren, Tomaten
Protamin	Proteine aus Lachspermien, stabilisieren manche Arzneistoffe (Insulin, Heparin)
Polyamine, Peptone (Proteinbruchstücke)	Schweinefleisch und Fisch

Weitere Faktoren für „unspezifisches" Mastzelltriggering sind Anaphylatoxine (vasoaktive Komponenten des Komplementsystems), oder Medikamente. Auch Nahrungsmittel-Zusatzstoffe können pseudoallergische Reaktionen hervorrufen, wahrscheinlich über ähn-liche Mechanismen.

NM Zusatzstoffe:	Symptome: Pseudoallergie, angioneurotisches Syndrom
Benzoesäure und Salze:	Konservierungsstoffe
Natriumbenzoat E 211,	Wurstsalate, eingelegte Gemüse
Kaliumbenzoat E 212, Calciumbenzoat E 213	(z.B. Essiggurken)
Sorbinsäure (E200) und	Konservierungsstoffe
Salze Natriumsorbat E 201.	verhindern Schimmelpilze,
Kaliumsorbat E 202,	Hefen, Bakterien
Calciumsorbat E 203	

4.3.3.   Nahrungsmittelüberempfindlichkeit / Allergie

Nach Coombs und Gell (1963) werden Überempfindlichkeiten in vier Kategorien eingeteilt:
   I.   IgE-vermittelt (Muster Heuschnupfen, Asthma, etc.)
   II. Antikörper-vermittelte zytotoxische Reaktion
            (Muster Rhesus-Inkompatibilität oder Goodpasture Nephritis)
   III. Immunkomplexreaktion (Muster Arthus-Reaktion oder Serumkrankheit)
   IV. Zellulär vermittelte Überempfindlichkeit (Muster Kontaktallergie).

Bei allen Typen kommt es zu einer krankmachenden Überempfindlichkeit, besonders beim Typ I ausgeprägt gerichtet gegen eigentlich ungefährliche Dinge, wie z.B. Hausstaubmilben. Die Typ 1 Nahrungsmittelüberempfindlichkeit ist am gefährlichsten, Typ IV auch relativ häufig und Typ III wahrscheinlich ein Faktor.

4.3.3.1. Typ III Überempfindlichkeit gegen Nahrung

Beginnen wir mit der Beschreibung jenes Auslösers Nahrungsmittel-assoziierter Symptome, über den man heute noch wenig weiss, der Typ III-Überempfindlichkeit.

Dabei werden wie bei der Serumkrankheit (s.u.) Immunkomplexe aus fremdem (Nahrungsproteine) und körpereigenem (Immunglobuline) Eiweiss gebildet, die verteilt werden und in bradytrophen Geweben (Gelenke, Gefässe) oder in Organen mit Filterfunktion (Nieren) ausfallen können. Es kommt zur Entzündung durch Komplementaktivierung und Mikrothrombenformation. Typisch sind die Immunkomplexe löslich, solange Antigenüberschuss besteht, bei Antigenkarenz (Diät) fallen die Komplexe dann aus und es kommt zur Symptomatik. Da IgG gegen sehr viele Nahrungsproteine gebildet werden, haben Suchtests darauf keine klinische Signifikanz.

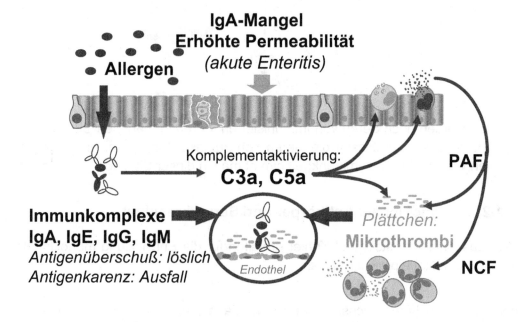

4.3.3.1.1. Das Prinzip der Serumkrankheit

Der Ausdruck Serumkrankheit kommt aus den Anfängen des Impfwesens: Tiere wurden mit Erregern infiziert und dann deren Hyperimmunserum, enthaltend schützende IgG Antikörper, an den erkrankten Menschen verabreicht. Da das tierische Protein als fremd erkannt wird, kommt es zur Antikörperbildung, bis Immunkomplexe ausfallen. Es dauert also etwa eine Woche, bis Symptome wie Fieber, Schüttelfrost, Gelenksbeschwerden, selten Glomerulonephritis, auftreten. Da Immunkomplexbildung immer die Aktivierung des Komplementsystems über den klassischen Weg triggert (siehe Abbildung: Überblick der Aktivierungswege), werden die Komplexe durch C3b opsonisiert. Erythrozyten haben einen

Komplementrezeptor (CR1), der C3b erkennt und können daher Immunkomplexe in die Milz transportieren, wo sie abgebaut werden. Die Erkrankung ist daher selbstlimitierend.

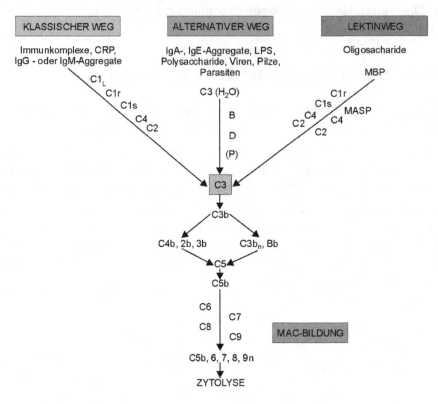

Auch heute werden noch Seren von immunisierten Tieren in manchen Situationen verabreicht, z.B. bei Schlangenbissen die Seren von zumeist Kaninchen, die gegen das Gift immunisiert wurden. Die Serumkrankheit nimmt man in dieser Situation gerne in Kauf.

4.3.3.1.2.   Monoklonale Antikörper und Serumkrankheit

Die Wissenschaftler Milstein und Köhler erhielten für die Entwicklung monoklonaler Antikörper 1984 den Nobelpreis für Medizin.

Methodik (siehe Schema nächste Seite): Eine Maus wird mit einem bestimmten Antigen immunisiert und deren Milzzellen gewonnen. Sie werden durch Fusion mit Myelomazellen unsterblich gemacht, und bis auf einzelne Hybridomzellen verdünnt (Klonierung). Alle danach gebildeten Antikörper stammen demnach von einer einzigen Mutterzelle, die sich teilt und einen Klon bildet, wobei alle Zellen idente genetische Eigenschaften besitzen und dieselbe Antikörperspezifität produzieren.

Monoklonale Antikörper mit einer viel höheren Spezifität als Tierseren welche polyklonale Antikörper enthalten, wurden und werden zur Diagnostik (siehe Lymphozytenszintigraphie bei Chronisch entzündlichen Darmerkrankungen), oder zur passiven Immuntherapie bei Infektionen oder Tumorerkrankungen eingesetzt.

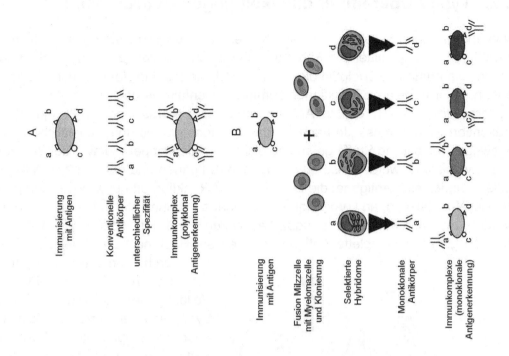

4.3.3.1.3. Humanisierte Antikörper

Da monoklonale Antikörper aus der Maus stammen („murin" sind), rufen sie jedoch die Bildung von HAMAs (*human anti-mouse antibodies*) hervor und haben Serumkrankheit zur Folge. Heute verwendet man teilweise oder komplett humanisierte Antikörper für diese Therapien, um die Nebenwirkungen zu reduzieren. Teilweise humanisierte sind beispielsweise so genannte chimärische Antikörper, welche die variable Domäne noch vom ursprünglichen Maus-monoklonalen Antikörper haben, deren konstante Domäne aber humanisiert ist (z.B. Trastuzumab = Herceptin® bei Brustkrebs, Cetuximab = Erbitux® zur Behandlung von Dickdarmkrebs, Rituximab= Mabthera® bei B-Zell Lymphomen, Omalizumab = Xolair® bei Asthma bronchiale).

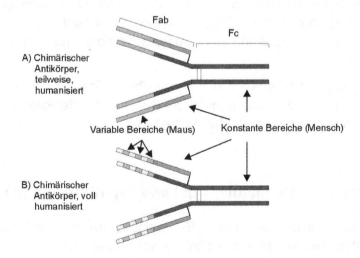

4.3.3.2. Typ IV Überempfindlichkeit gegen Nahrungsmittel

Hier sind anorganische Moleküle, Metalle (Nickel, Legierungen), Nahrungsmittelverunreinigungen durch Lösungsmittel und Farbstoffe, und auch Proteine (z.B. Milchproteine) verantwortlich. Die Aufnahme erfolgt in diesem Fall oral, die genaue Verteilungsroute der Antigene ist noch nicht gewiss. Reaktionen kommen jedenfalls verzögert zustande (*delayed type hypersensitivity*, DTH), da das Antigen zuerst über professionelle APCs prozessiert und präsentiert werden muss. Je nach Art des Antigens gibt es unterschiedliche Prozessierungswege. Fettlösliche Stoffe gelangen leicht über die Doppellipidlayer der Zellmembranen ins Zytoplasma, werden also zu endogenen Antigenen und daher mit HLA Klasse I präsentiert. Binden sich Antigene, die bei der Typ IV Reaktion oft nur kleinste Komponenten wie Nickel-Ionen sind, an körpereigene Proteine, so können sie zu kompletten Antigenen werden, die dann regelrecht phagozytiert werden und den Weg der HLA Klasse II Präsentation gehen. Inkomplette Antigene werden als Haptene bezeichnet und werden nur durch Kombination mit unterschiedlichen Trägerproteinen zu Vollantigenen. In den sekundären Lymphorganen (mesenteriale oder andere Lymphknoten; Peyer´sche Platten) kommt es zum Kontakt mit T-Lymphozyten. HLA Klasse II- präsentierte Antigene werden durch CD4+ T-Helferzellen, Klasse I präsentierte durch CD8+ zytotoxische T-Lymphozyten (CTLs) erkannt. Beide Arten von T-Lymphozyten spielen daher bei der Überempfindlichkeit eine Rolle. Sie gelangen wieder zu

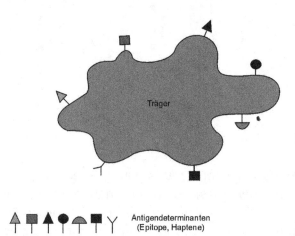

Antigendeterminanten
(Epitope, Haptene)

der Stelle des ersten Antigenkontaktes und greifen hier direkt die antigenbeladenen Zellen an, oder stimulieren Makrophagen zum Angriff, indem sie IFN-gamma und TNF-alpha produzieren.

Symptome: Die Reaktion ist entzündlich infiltrativ und tritt nach frühestens einem Tag im Darm auf, oder findet an entfernten Organen wie der Haut statt. Symptome sind Schmerzen, Durchfälle, an der Haut Ekzeme, die dem typische Kontaktekzem ähnlich sehen.

Diagnostik: Die Testung erfolgt durch den Atopie-Patch Test, wobei die vermuteten Antigene mittels Pflastern auf die Haut aufgebracht werden. Die Reaktion wird nach 48 Stunden zum ersten, und nach 72 zum 2. Mal abgelesen.

4.3.3.2.1. Atopische Dermatitis: Typ I *und* Typ IV Überempfindlichkeit

Eine Hauterkrankung, bei der neben der IgE-vermittelten (atopischen) Typ I Überempfindlichkeit (siehe unten) besonders in der chronischen Phase auch die verzögerte zelluläre

Immunantwort Typ IV eine wichtige Rolle spielt, ist die atopische Dermatitis, die beim Kind Neurodermitis bezeichnet wird.

Symptome: Die Erkrankten leiden unter hartnäckigen Ekzemen, die sich an den Beuge-Innenseiten der Arme und Beinen, im Gesichtsbereich oder generalisiert auftreten können. Die Veränderungen sind stark juckend und durch Kratzen kommt es zu Superinfektionen, die oftmals Antibiotikatherapie erfordern. Eine Verschlechterung dieser Erkrankung (Exazerbation) findet typisch nach dem Genuss folgender Nahrungsmittel statt: Milch, Eier, Fisch, Krustentiere, sowie Nahrung die Nickel enthält (manches alte Kochgeschirr entlässt Nickel- oder andere Metallionen während des Kochvorganges in die Speisen), welche Typ IV Reaktionen unterstützen.

Diagnostik: Das klinische Bild ist sehr typisch. Da die Patienten Atopiker sind, findet man zusätzlich zur Dermatitis oft vielfach erhöhte IgE Werte im Blut und eine Neigung zu Heuschnupfen und Asthma, die genetisch determiniert ist. In dem Zusammenhang ist die Familienanamnese wichtig. Man bestimmt das totale und allergen-spezifische IgE. Da die Haut irritabel ist, geben Hauttestungen auf Sofort- oder Spätreaktionen oft falsch positive Resultate.

Die Therapie umfasst daher Diätmassnahmen, umfassende Pflege der Haut um deren Barrierefunktion wiederherzustellen, und Cortisoncremen im Schub der Erkrankung.

4.3.3.2.2.   Zöliakie: Mehr als eine Typ IV Überempfindlichkeit gegen Gliadin

Zöliakie ist die Bezeichnung für eine chronische Erkrankung des proximalen Dünndarms, die beim Erwachsenen auch als Sprue bezeichnet wird.

Symptome: Klassisch ist das Bild des Kleinkindes mit Zöliakie (Inzidenz 1:2000): Symptome treten typischerweise nach erster Zufütterung von Getreideprodukten an die Kinder, also zwischen dem 6. - 18. Lebensmonat auf. Durch massive Malassimilation der Nahrung und Mangel aller Nährstoffe resultieren als Leitsymptome Fettstühle und osmotische, breiige Diarrhoe, Meteorismus und Flatulenz, mit Bauchschmerz, Gedeihstörung und Minderwuchs in der Folge. Insgesamt sind die Kinder lustlos beim Essen (Anorexie) und misslaunig.

Untypische Symptomatik: Das Auftreten von Zöliakie in späteren Lebensjahren wurde bisher unterschätzt (Inzidenz 1:200). In 0,5 % von Adoleszenten können deutliche zöliakische Veränderungen der Dünndarmschleimhaut diagnostiziert werden, obwohl sie asymptomatisch oder die Symptome nur untypisch waren: Fe-Mangelanämie, gelegentlich breiige Stühle, Übergewicht und Obstipation, Zahnschmelzdefekte, Nachtblindheit, Psychische Störungen, Infektanfälligkeit, Amenorrhoe, Osteoporose, Hashimoto Thyreoiditis, Diabetes mellitus, Down Syndrom, Stomatitis aphtosa (Mundschleimhautdefekte).

Leitsymptome der Zöliakie	Fettstühle, Diarrhoe
Fakultative Symptome	
Ursachen	*Folgen*
Proteinmangel	Ödeme, Infektanfälligkeit
	Muskelatrophie
Vit A-Mangel	Nachtblindheit
Vit B1-, B2-, B6- und B12-Mangel	Anämie, Haut- und Schleimhautveränderungen
Vit D-Mangel	Osteomalazie
Vit K-Mangel	hämorrhagische Diathesen
K-Mangel	Schwäche
Ca-Mangel	Tetanie oder Krampfneigung
Fe-Mangel	Anämie

4.3.3.2.2.1.   Pathophysiologie der Zöliakie

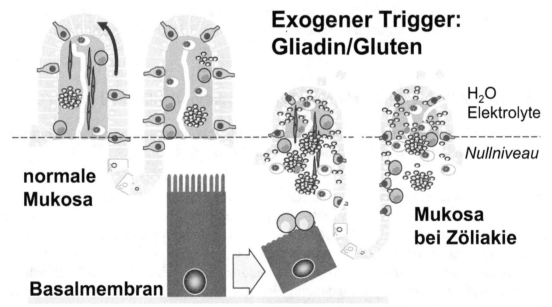

Exogener Trigger: Gliadin/Gluten

H_2O Elektrolyte

Nullniveau

normale Mukosa

Mukosa bei Zöliakie

Basalmembran

Endogener Trigger: GTT

Es ist ein exogenes Antigen aus Getreideprodukten, das bei entsprechendem genetischem Hintergrund die Erkrankung auslöst. Dabei handelt es sich um das Glykoprotein Gliadin, welches zusammen mit dem Glutelin eine wasserunlösliche Getreideeiweißfraktion, das Gluten (Klebereiweiss) bildet. Natürlich kommt Gluten in verschiedenen einheimischen Getreidearten wie Weizen, Roggen, Hafer, Dinkel, Grünkern, und Gerste (auch in Bier) vor, und wird vom Bäcker dem Brot zugesetzt um seine Elastizität zu erhöhen. Erlaubte Nahrungsmittel sind:

Reis, Hirse, Mais, Buchweizen, Kastanienmehl, Soja, Sesam, Kartoffeln, Leinsamen, Milch, Fleisch, Fisch, Öle, Tee, Eier, Obst, und Gemüse. Bei glutenfreier Diät bilden sich die Mangelzustände zurück und die Kinder gedeihen wieder. Früher wurde zur Diagnostik der Erkrankung typischerweise der Glutenentzug (Besserung) und einige Wochen später Gluten-Reintroduktion in die Nahrung (Diarrhoe, etc.) angewandt. Diese Methode ist heute obsolet.

Die immunologische Überempfindlichkeit gegen Gluten, aber auch Reaktionen gegen die körpereigene Gewebstransglutaminase (tissue transglutaminase; tTG) bei Zöliakie Patienten führt zu massiver lymphoplasmozytärer Infiltration der Lamina propria der Dünndarmschleimhaut. Anatomisch beobachtet man den Verlust der Zottenarchitektur und Verschiebung des Nullniveaus. Das entstandene Bild ähnelt Kolonmukosa, der Vorgang wird daher Kolonisation genannt. Diese Veränderung liefert die Erklärung für die Malassimilation, die sich aus Maldigestion und –absorption zusammensetzt, denn die defekte Schleimhaut kann ihre digestiven und absorptiven Aufgaben nicht mehr erfüllen.

4.3.3.2.2.2. Mechanismen: exogenes Antigen und genetische Bereitschaft

Das lymphoplasmozytäre Infiltrat setzt sich auch einerseits Antikörper-produzierenden Plasmazellen und andererseits aus zytotoxischen und TH-Lymphozyten zusammen. Gemeinsam tragen sie zur Erkrankung bei, die lokale aber auch systemische Folgen der immunologischen Überempfindlichkeit hat.

1.) *Gluten wird durch die Proteinverdauung im Darmlumen zu Gliadinpeptiden abgebaut.* Diese werden aufgenommen, was besonders gut bei bestehenden Gewebeschäden oder Entzündung erfolgen kann. Gliadin reichert sich in der Submukosa an. Hier hat die Gewebstransglutaminase die Aufgaben, Gliadin zu desamidieren, es entsteht desamidiertes Gliadin (DG). DG, sowie Komplexe aus DG und tTG werden von Antigenpräsentierenden Zellen aufgenommen und mit HLA Klasse II, aber auch Klasse I präsentiert. Spezifische T-Lymphozyten erkennen die präsentierten desamidierten Gliadinpeptide und auch tTG Peptide, werden aktiviert und produzieren IL-2, welches noch mehr T-Zellen heranholt, sowie proinflammatorische Zytokine (IFN-γ und TNF-α), die besonders Makrophagen aktivieren.

Gewebstransglutaminase erhöht Affinität des Gliadin zu HLA II

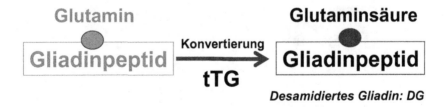

Desamidiertes Gliadin: DG

Zöliakie Patienten sind zumeist HLA-DQ2, HLA-DQ8 oder HLA-DR4 positiv (siehe genetische Diagnostik weiter unten). Das heisst, dass ihre HLA Moleküle, die ja zur Antigenpräsentation dienen, besonders gestaltet sind und besonders gut desamidierte Gliadinpeptide präsentieren können. Die Folge ist, dass T-Lymphozyten sie sehr gut erkennen, und überstark aktiviert werden (Arentz-Hansen et al, J. Exp. Med. 191: 603; 2000).

2.) *T-Helferzellen produzieren Zytokine, welche die B-Lymphozyten zur Antikörperproduktion anregen und/oder Makrophagen aktivieren.* Aber auch zytotoxische Lymphozyten (CTLs) erkennen die Antigene, werden aktiviert und durch IL-2 zu LAK Zellen gemacht (*lymphokine activated killers*). Beide T-Lymphozyten Population tragen dazu bei, dass bei wiederholtem Antigenkontakt eine Darmentzündung nach dem Muster der Typ IV Überempfindlichkeit stattfindet. Nachdem T-Helferzellen aktiviert wurden, unterstützen sie Antikörperproduktion gegen das exogene Antigen Gluten, bzw. Gliadin (anti-Gliadin Antikörper– AGA), gegen das Autoantigen Gewebstransglutaminase (tissue transglutaminase; tTG) (ATA), sowie gegen Endomysium (EMA). Exzessive IgA, und IgG Antikörperbildung ist bei den bei Zöliakie Patienten die Folge, welche in Antikörper-vermittelten zytotoxischen Reaktionen (ADCC) (Typ II Überempfindlichkeit) gegen glutenpräsentierende Zellen und möglicherweise auch gegen Zellen die tTG beinhalten, teilnehmen.

3.) *Umbau der Darmarchitektur:* Sicher ist heute dass speziell IgA anti-tTG Antikörper mechanistisch zur Zottenatrophie beitragen: tTG konvertiert nämlich latentem TGF-β (*transforming growth factor beta*) zu aktivem Faktor, der wesentlich an der Reifung von Epithelzellen beteiligt ist.

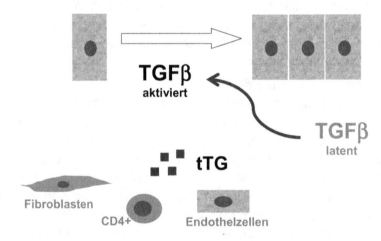

Fällt die TGF-β Reifung aus, kommt es zur vermehrten Abschilferung von Enterozyten und Strukturumbauten der Zotten.

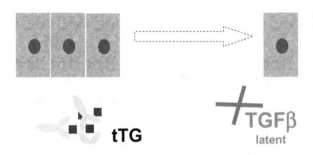

Reifung der Epithelzellen bleibt aus

4.) *Zusätzlich bilden die anti-Gluten Antikörper mit dem Antigen Immunkomplexe* und rufen daher durch Komplementaktivierung auch Typ III Überempfindlichkeit hervor. Die Immunkomplexe lagern sich besonders subepidermal ab, wo sie in 30% der Zöliakiepatienten zu einer begleitenden Hauterkrankung führen, der Dermatitis herpetiformis Duhring. Die Patienten leiden an Bläschenbildung und Mikroabszessen in geröteten Arealen, die Herpes ähnlich sehen. Die Diagnose wird in der Immunfloreszenzuntersuchung von Hautbiopsien gestellt, wobei abgelagerte Immunkomplexe, IgA und C3b dargestellt werden können.

Diagnose

Die Diagnostik gründet sich auf die Darstellung der anatomischen Veränderungen in der Duodenalbiopsie, wie Verschiebung des Nullniveaus und lymphoplasmozytäres Infiltrat, sowie viele intraepitheliale Lymphozyten (IELs). Wirklich spezifisch jedoch ist nur die immunologische Diagnostik: Serologischer Nachweis von IgA, IgG, IgM gegen Gluten (AGA), sowie der IgA oder IgG Autoantikörper gegen die Gewebs-Transglutaminase (ATA). Zusätzlich findet man Antikörper gegen Endomysium (EMA), ein Bindegewebs-Protein, das die feinen Muskelfasern des Darms umhüllt, sowie anti-Retikulum Antikörper. Die Antikörperreaktivitäten können mittels ELISA Assay gemessen werden.

ELISA
Enzyme linked immuno sorbent assay

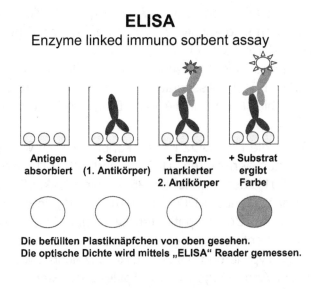

Die befüllten Plastiknäpfchen von oben gesehen.
Die optische Dichte wird mittels „ELISA" Reader gemessen.

Alternativ kann die indirekte Fluoreszenz-Technik angewandt werden: Hierbei binden die Antikörper aus dem Serum des Erkrankten an das Endomysium eines histologischen Präparates aus Duodenum, gebundene IgA oder IgG werden in einem weiteren Schritte mit einem Fluoreszenz-markierten anti-Antikörper detektiert. Auswertung: Fluoreszenzmikroskop. In diesen Untersuchungen kann auch die Menge der Antikörper bestimmt werden, indem das Patientenserum stufenweise verdünnt wird (Titration). Die Verdünnung, bei der gerade noch eine Reaktivität sichtbar ist, ergibt den Titer der Antikörper und ist ein Mass für die Erkrankung. Cave: selektive IgA Defizienz bei ca. 2-11% der Patienten, hier muss auf IgG getestet werden.

Diagnose der Malabsorptionssyndrome: H_2-Atemtest und Xylose-Toleranztest. Passend zur Malabsorption wurde früher von Kinderärzten gerne die Stuhlschwimmprobe durchgeführt. Stuhl bei Malabsorption hat ein niedriges spez. Gewicht und schwimmt. H_2-Atemtest: Siehe Kohlenhydratmalassimilation.

Genetische Diagnostik: PCR: Die stärkste genetische Prädisposition für Zöliakie wird durch Allele des serologischen Marker DQ2, einem HLA-Klasse II Protein, vermittelt. Jedes MHC Molekül besteht aus einer α- und einer β-Kette (siehe Abbildung).

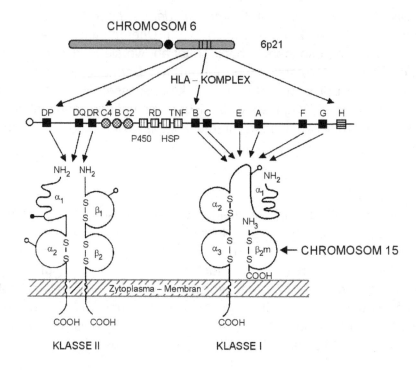

Die α-Kette des HLA-DQ-Moleküles wird prinzipiell vom Gen HLA-DQA1, die β– Kette von HLA-DQB1 kodiert. Da diese Gene polymorph sind, existieren von ihnen in einer Population eine Vielzahl unterschiedlicher Allele (=Erbfaktoren in Genloci). Die serologische Typisierung mittels spezifischer Antikörper unterscheidet zwischen DQ1 bis DQ9, wobei nur die β-Kette des DQ-Moleküls erkannt wird. Für die Assoziation mit der Zöliakie sind im DQ2 Molekül jedoch beide Ketten wichtig, hier kann nur die PCR Diagnostik Aufschluss geben.

Durch genetische Typisierung der Allele für die HLA-DQ2 Ketten konnte gezeigt werden, dass sich das Zöliakie DQ2-Heterodimer aus den Ketten a1*0501 und b1*0201, codiert von den Allelen DQA1*0501 und DQB1*0201, zusammensetzt. 95% aller Zöliakie Patienten tragen dieses HLA-DQ2-Molekül mit dem Genotyp DQ(a1*0501/b1*0201), in der Gesamtbevölkerung nur etwa 20%. Der Rest der Zöliakiepatienten ist positiv für das Allel DQ(a1*03/b1*0302) (HLA-DQ8). Zöliakie Patienten sind weiter meist positiv für eines der HLA-DRB1*04 Allele, die bei serologischer Typisierung als HLA-DR4 bezeichnet werden. PCR Diagnostik kann für die Beratung der Angehörigen von Zöliakie-Erkrankten wichtig sein: Etwa 20 % der Verwandten ersten Grades, 75% der eineiigen und 30% der zweieiigen Zwillinge haben ebenfalls die Anlage zu einer Zöliakie.

Findet der Primer in der PCR z.B. die kodierende Sequenz für das HLA-DQ2-Allel DQ(a1*0501/b1*0201), kann er binden und es kommt zur Amplifikation in den Zyklen der PCR. Vermehrte DNA kann beispielsweise in einem Agarosegel dargestellt werden. Bindet der Primer nicht, kann keine Vermehrung stattfinden.

Therapie der Zöliakie: Lebenslange Glutenfreie Diät.

4.3.3.3. Typ I Überempfindlichkeit gegen Nahrungsmittel

4.3.3.3.1. Basale Mechanismen der Allergie

Typ I Allergie ist gekennzeichnet durch die Bildung von IgE Antikörpern gegen Proteine oder Glykoproteine aus der Umwelt, Nahrung oder Medikamenten. Da IgE Antikörper gegen die Allergenoberfläche gerichtet sind, sind es vorwiegend dreidimensionale Konformationsepitope für diese Antikörper-Klasse, die relevant sind (NB: IgG erkennt auch lineare Proteinepitope, und klassische T-Lymphozyten sowieso nur lineare Peptide).

4.3.3.3.1.1. Effektorphase der Typ I Allergie

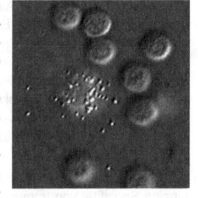

IgEs besetzten ihre hochaffinen Rezeptoren (FcεRI) an Mastzellen, Basophilen und Eosinophilen. Wenn bei einem nächsten Kontakt die Allergene diese bewaffneten Zellen erreichen, kommt es zu einer sekundenschnellen Aktivierung (*triggering*) und zur Freisetzung von Mediatoren, im Besonderen Histamin durch aktive, energieverbrauchende Degranulation (siehe Foto einer degranulierenden Mastzelle rechts). Diese Phase wird als Effektorphase bezeichnet. Grundvoraussetzung für erfolgreiches Triggering ist die Kreuzvernetzung (*crosslinking*) von mindestens zwei IgEs durch ein Allergen. Die Grafik zeigt, dass Allergene dazu mehr als ein Epitop besitzen müssen. Dies ist durch Multivalenz (Darbietung unterschiedlicher Epitope), durch sich wiederholende, repetetive Epitope, oder durch die Zusammenlagerung mehrerer Allergenmoleküle zu Di- und Multimeren möglich. Damit ist bereits die erste wichtige Eigenschaft von Allergenen gegeben.

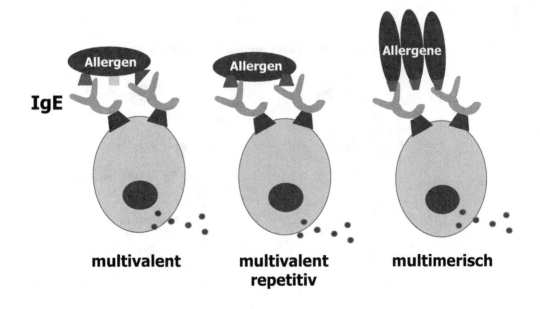

4.3.3.3.1.2.   Eigenschaften von Typ I Allergenen

> Anbieten mehrerer, identer Epitope (siehe unten)
> Sie müssen komplette Antigene sein und Konformationsepitope anbieten
> Leichte Löslichkeit und
> Kleine Grösse (unter 100 kDalton), um durch unsere Barrieren zu dringen
> Kleine Antigen-Dosis macht IgE, grosse IgG
> Manche Allergene sind Enzyme und fördern daher ihren eigenen Eintritt,
  z.B. ein Allergen der Hausstaubmilbe ist eine Zysteinprotease.
> Bei Nahrungsmittel-Allergenen: Persistenz in der gastrointest. Verdauung

4.3.3.3.1.3.   Sensibilisierungsphase

Allergien bemerkt man erst, wenn man sie schon hat. Daher ist auch über die Details der Sensibilisierungsphase mit Allergenen heute noch wenig bekannt. Klar ist, dass am Anfang der IgE Produktion ein B-Lymphozyt steht, der IgM als seinen BCR (*B-cell receptor*) an der Zellmembran hat. Er muss das Allergen mit seinen Konformationsepitopen erkennen, braucht aber zusätzlich einen Stimulus zum „Isotypswitch" nach IgE, um auf die Produktion dieser anderen Antikörperklasse umzustellen. Diesen Stimulus erhält er klassischerweise durch TH$_2$-Lymphozyten, welche die Zytokine IL-4 und IL-13 beisteuern. Es gibt aber noch eine Reihe von anderen Zellen, wie γδ-T-Lymphozyten, Eosinophile und Mastzellen, die ebenfalls Quellen dieser Zytokine sind und mitwirken können.

Da crosslinking ein basales Prinzip zellulärer Aktivierung darstellt, muss auch der BCR des B-Lymphozyten kreuzvernetzt werden. B-Lymphozyten tragen jedoch jeweils nur eine einzige Spezifität von Immunglobulinen an ihrer Oberfläche, es ist hier besonders wichtig, dass ein Antigen nicht nur mehrfach Epitope darbietet, sondern sogar mehrfach dasselbe Epitop darbietet. Alleinige Multivalenz von Allergenen wie in vielen Lehrbüchern beschrieben, ist also nicht genug um die B-Lymphozyten überhaupt zu starten (Schöll et al, J. of Immunology 2005).

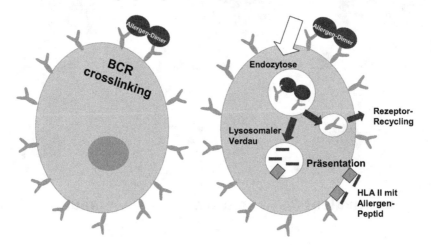

Aktivierte B-Lymphozyten sind professionelle APCs

4.3.3.3.1.4.   Allergen-Präsentation

Wenn das Allergen als erkannt wurde und kreuzvernetzen konnte, kommt es zu einer reflektorischen Endozytose des gesamten Allergen-BCR Komplexes. Während Immunglobuline aus Ersparnisgründen zur Oberfläche rezykliert werden können, wird das Allergen mittels lysosomaler Enzyme verdaut. Durch Fusion mit Vesikeln, die HLA II Moleküle enthalten, kommt es zur Assoziation der Allergenpeptide mit diesen Molekülen und zur Antigenpräsentation. Ein vorbeikommender CD4+ TH-Lymphozyt kann nun zufällig mit seinem TCR dieses fremde Peptid samt HLA II Präsentationsteller erkennen.

4.3.3.3.1.5.   Kostimulation aktiviert B-Zellen

Damit Aktivierung erfolgt, müssen zusätzlich die Kostimulationsmoleküle CD40 des B-Lymphozyten und CD40L (Ligand) der T-Zelle interagieren. Damit ist bewiesen, dass B-Lymphozyten zu den professionellen APCs gehören. Sie müssen dies tun, um sich selbst zu Isotypswitch zu verhelfen, wenn für ihre Effektorfunktionen andere, höher spezialisierte Antikörperklassen als IgM nötig sind. Die T-Lymphozyten steuern IL-4 und IL-13 bei, welche die Immunglobulinproduktion von IgM auf IgE umstellen. Dabei können sie spezifisch agieren, aber auch so genannte *„bystander"* Funktionen ausüben, indem ihr Zytokinmilieu auch andere benachbarte B-Lymphozyten anderer Spezialitäten aktiviert.

B-Lymphozyten holen T-Zellhilfe für Isotypswitch

4.3.3.3.1.6.   Isotypswitch nach IgE

Isotypswitch ist ein Phänomen, das nur in B-Lymphozyten vorkommt. Sie haben anfangs, wenn sie IgM und IgD als erste BCRs an ihrer Oberfläche haben, sämtliche Möglichkeiten, auf irgendeine andere Antikörperklasse zu switchen.

Die Reihenfolge der für die Subklassen kodierenden Genom-Kassetten eines menschlichen B-Lymphozyten lauten: IgM – IgD – IgG3 – IgG1 _ IgA1 – IgG2 – IgG4 – IgE – IgA2. Wird „geswitcht", verliert die Zelle das vorher gebrauchte Segment, z.B. IgM und IgD, und sie produziert die nächste Antikörperklasse (IgG3), oder eine andere Klasse (z.B. IgE), denn der Switch kann auch sprunghaft sein.

Isotypswitch eines B-Lymphozyten nach IgE

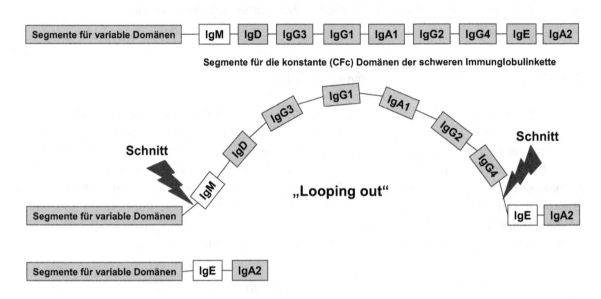

Eine geswitchte B-Zelle kann nie wieder die vorherige Antikörperklasse produzieren, weil die entsprechenden DNA-Segmente durch „looping out" verloren werden. Immunglobulinswitch ist daher sequentiell möglich, findet im Leben einer B-Zelle aber maximal 2-mal statt.

4.3.3.3.1.7.   Das Schicksal von IgE Antikörpern

Nur verschwindend kleine Mengen von IgE können im Serum detektiert werden, weil IgE durch die hohe Affinität zu seinem Rezeptor FcεRI praktisch nur gebunden an Mastzellen, basophilen und eosinophilen Granulozyten vorkommt. Während die Überlebenszeit von IgE im Serum nur etwa 2 Tage beträgt, kann es zellgebunden im Gewebe monatelang überleben (tissue memory). Wird IgE Produktion angekurbelt, erhöht sich gleichzeitig auch die Anzahl der Rezeptoren an Effektorzellen, aber auch an Zellen die mit Antigenpräsentation zu tun haben wie dendritische Zellen und Makrophagen.

Mit ihren über FcεRI gebundenen IgE fangen sie eindringendes Allergen ab, verschleppen es in sekundäre Lymphorgane (Langerhanszellen der Haut in die regionären Lymphknoten), wo sie es mit HLA Klasse II präsentieren und weitere T-Lymphozyten rekrutieren. Diese steuern durch Zytokine nicht nur zum Isotypswitch, sondern auch zur allergischen Entzündung bei chronischer Antigenexposition (z.B über die Haut oder über die Nahrung) bei. Dieses Phänomen beobachtet man z.B. bei der atopischen Dermatitis, wo die Anzahl von FcεRI-positiven dendritischen Zellen in der Epidermis signifikant ansteigt.

4.3.3.3.1.8. Symptome einer Nahrungsmittelallergie

Kontakte mit kleinsten Mengen an Allergenen können dann zu einer weiten Palette an Symptomen führen, die zumeist an der Kontaktstelle, aber auch an entfernten Körperstellen auftreten können:

Symptomatik
Bei Inhalation:
Rhinokonjunktivitis (Heuschnupfen), Asthma bronchiale
Bei Ingestion:
Orales Allergiesyndrom: Jucken und Schwellung der Lippen-, Mund- und Rachenschleimhaut bis zur Erstickungsgefahr (Asphyxie) Ösophagitis, Gastritis, Übelkeit, Erbrechen, Diarrhoe
Bei Injektion:
Blutdruckabfall
Bei Hautkontakt:
Kontakturtikaria: Jucken und Quaddeln

4.3.3.3.1.9. Systemische Symptomatik und anaphylaktischer Schock

Alle Typ I Allergene können grundsätzlich zu systemischen Reaktionen führen: generalisierte Urtikaria, Asthmaanfall, Blutdruckabfall und anaphylaktischer Schock. Ob es dazu kommt, hängt von der Allergenmenge sowie der Grösse der Resorptionsfläche, und der Schnelligkeit der Verteilung ab. Injizierte Allergene sind daher sehr gefährlich (Bienen-Wespengiftallergie), besonders wenn der Stich in der Nähe grosser Blutgefässe erfolgt. Nahrungsmittel, oder andere über die gut durchbluteten Schleimhäute aufgenommene Allergene, werden ebenfalls effektiv resorbiert und verteilt. Sie gelangen gleichzeitig an grosse Zahlen von Effektorzellen, die Freisetzung grosser Histaminmengen ist die Folge. Histamin dilatiert das Kapillar und Arteriolennetz, es kommt zum Versacken des Blutes in der Peripherie, Blutdruckabfall und Schock. Es ist obsolet, den Schockpatienten zu früh aufzurichten, denn durch den relativen Volumenmangel gelangt zu wenig Blut zurück an das Herz, durch einen Kollaps der Vena cava inferior kann es zum schnellen Herztod kommen. Bis zu 2% der anaphylaktischen Schocks enden tödlich.

4.3.3.3.1.10. Spätreaktion der Typ I Allergie

Die akute Symptomatik setzt in der Regel rasch (innerhalb von Minuten) ein und ist durch eine späte Phase der Typ I Allergie nach 6-8 Stunden gefolgt. Mit dem ersten Histaminrelease werden nämlich auch Prostaglandine und, besonders, Leukotriene freigesetzt (LTC4, LTD4, LTE4 = zusammen *slow reacting substance of anaphylaxis*, SRS-A). Diese wirken chemotaktisch auf Entzündungszellen und verursachen ein zelluläres Infiltrat mit Neutrophilen und Makrophagen. Der Patient erlebt durch diese lokale Entzündung einen zweiten Gipfel der Symptomatik, die aber nicht ganz so stark ausgeprägt ist. Beim Asthmaanfall kommt es z.B. zu weiterer Atemnot.

4.3.3.3.1.11.   Kreuzreaktivität als Ursache für Nahrungsmittelallergie

Aus der Klinik ist das Phänomen der Kreuzreaktivität schon lange bekannt. Man versteht darunter, dass der Patient gegen ein gewisses Allergen sensibilisiert ist, die Effektorphase aber nicht nur durch dieses „genuine" Allergen getriggert werden kann, sondern auch durch ein ähnliches Molekül. z.B. der Birkenpollenallergiker reagiert nicht nur gegen Birkenpollen, sondern auch beim Essen eines Apfels mit allergischen Reaktionen der Mundschleimhaut, die man als Orales Allergie Syndrom (OAS) bezeichnet. Es kommt dadurch zustande, dass die Birkenpollen ein Hauptallergen (NB: wichtiges Molekül, gegen das mehr als 50% der Patienten IgE entwickelt haben) beinhalten, welches ein Homologes eines z.B. Apfel-Moleküles ist. Die Verwandtschaft vieler kreuzreaktiver Allergene begründet sich in der botanischen oder entwicklungsgeschichtlichen Nähe. Manche Moleküle haben sich durch ihre Funktion so sehr für das Überleben der Pflanzen bewährt, dass sie konserviert wurden und von vielen Pflanzen verwendet werden.

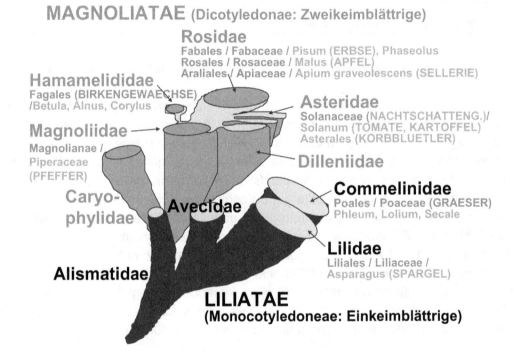

Schema der botanischen Verwandtschaft einiger Allergene

Beispielsweise beinhalten viele Pflanzen so genannte *pathogenesis related proteins (PRPs),* die sie gegen Pilz-, Bakterien- oder viralen Befall schützen. Ein Beispiel: Chitinasen greifen die Chitinstrukturen von Pilzen an und wirken daher antifungal. Bei Pilzbefall werden sie auch verstärkt von der Pflanze exprimiert. Chitinasen sind auch als Allergene relevant und kommen z.B. in Avocados und Bananen vor. Auch wenn sich Proteinmoleküle von ihrer Aminosäurensequenz her bis zu 40% unterscheiden, können sie dennoch eine ähnliche Struktur einnehmen und dem Immunsystem, besonders IgE, ähnliche, kreuzreaktive Epitope anbieten.

4.3.3.3.1.12.   Kreuzreaktivitäten inhalative und Nahrungsmittel-Allergene

Inhalation von	Symptome mit
Birkenpollen	- Äpfel, Nüsse, Gemüse
Beifußpollen	- Sellerie, Gewürze
Ragweedpollen (ein Unkraut)	- Melone, Banane
Latex-Staub	- Banane, Avocado, Kiwi
Gräserpollen	- Tomate, Kartoffel
Vögel (Federn und Exkremente)	- Eier
Rinderepithelien (Fell)	- Milch
Fischfutter	- Shrimps, Krabben, Kürbiskerne

Kreuzreaktivität verursacht meistens milde Symptomatik. Weil nach dem Verschlucken leicht verdauliche Proteine vollkommen degradiert werden, verlieren sie ihre Konformationsepitopen und damit kann IgE Erkennung kaum mehr stattfinden.

4.3.3.3.1.13.   Echte Nahrungsmittelallergene: orale Sensibilisierung / Triggering

Verdauungsresistenz: Manche Proteine werden nur schwer durch die Verdauungsenzyme degradiert. Z.B. Erdnüsse beinhalten Moleküle, deren Proteinstruktur durch viele Disulfidbrücken innerhalb der Proteinkette äusserst fixiert ist, und die daher verdauungsresistent sind. Sie können direkt oral sensibilisieren und werden daher als echte Nahrungsmittelallergene bezeichnet. Sie zählen zu den potentesten Nahrungsmittelallergenen, weil sie in unglaublich kleinen Konzentrationen Anaphylaxien auslösen können.

Verdauungspersistenz: In Zeiten von Verdauungsinsuffizienz durch Krankheit (atrophische Gastritis mit Achlorhydrie) oder durch Medikamente (Antazida, Protonenpumpenblocker, H2-Rezeptorblocker; Untersmayr et al, FASEB J. 2005) können jedoch ungefährliche, eigentlich leicht verdaubare Proteine zu Allergenen werden. Die natürliche peptische Proteinverdauung des Magen und Pankreas haben daher eine Schutzfunktion gegen Allergien und nur Proteine, die den Transit überstehen können sensibilisieren und auch triggern.

Die Gruppe der Nahrungsmittelallergene mit den am häufigsten dokumentierten anaphylaktischen Reaktionen sind: Milch, Eier, Erdnüsse und Soja (Leguminosen), Fisch, Shrimps und anderes *sea food*, sowie Baumnüsse. Dies Nahrungsmittel und deren Verarbeitungsprodukte müssen seit November 2005 innerhalb der EU verpflichtend durch die Produzenten deklariert werden, um die Konsumenten vor Allergien zu schützen.

4.3.3.3.1.14.   Diagnostik bei Nahrungsmittelallergie

Serologie: Wichtiges Standbein in der allergologischen Diagnostik ist die detektivische Anamnese. In der Serologie kann spezifisches IgE gegen Allergene in der RAST (Radio-AllergoSorbentTest) Untersuchung festgestellt werden. Dabei wird in ein Röhrchen, in welchem sich ein Membranplättchen mit absorbiertem Allergen befindet, Serum des Patienten zugesetzt. Nachdem nicht gebundene Serumkomponenten weggewaschen wurden, kann gebundenes spezifisches IgE mittels eines anti-IgE Antikörpers (oft monoklonal, von Maus, Ratte oder Kaninchen) der mit einem Radioisotop versehen ist, detektiert werden. Die Auswertung erfolgt in einem γ-Counter. Die γ-Strahlung ist der Menge an gebundenem IgE proportional. Heute werden vermehrt Fluoreszenzmethoden gebraucht, wobei das anti-IgE mit einem Fluorophor gekoppelt ist. Die Werte werden in 4 RAST-, bzw. in 6 CAP-Klassen eingeteilt.

Die Untersuchung des Total-IgEs ergänzt die Untersuchung. Hier wird IgE aus dem Serum mit einem anti-IgE Antikörper gefangen, und dann von einem zweiten, anderen anti-IgE Antikörper (markiert), detektiert. Erhöhte total IgE Werte können auf eine atopische Diathese hinweisen (NB: Atopie: genetische Neigung, viel IgE zu bilden, an atopischer Dermatitis und an Allergien zu erkranken).

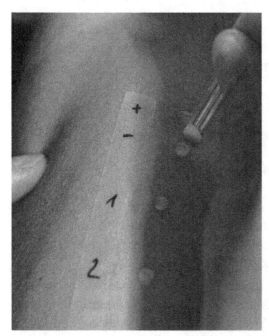

Am Patienten kann der Hauttest (*skin prick test*, SPT) hilfreich sein, wobei Allergenlösung in Tropfenform auf die Unterarm-Innenseite aufgebracht wird und mit einer Lanzette ein „prick" (Anritzen der Epidermis) ausgeführt wird. Nach 20 Minuten wird die Quaddelreaktion abgelesen. Nicht alle Nahrungsmittel können so diagnostiziert werden, die relative IgE-Beladung von Zellen der Haut muss nicht über die Situation an den Schleimhäuten Auskunft geben.

Der „Goldstandard" der Nahrungsmitteldiagnostik ist die doppelblinde (weder testender Arzt noch Patient wissen was getestet wird) - Plazebo-kontrollierte Provokation (*double-blind-placedo-controlled food challenge*, DBPCFC). Der Patient erhält eine geschmacksneutrale Lösung, die das Allergen oder Plazebo beinhaltet. Treten allergische Reaktionen nach dem Verschlucken auf, kann die klinische Relevanz einer Sensibilisierung (Vorliegen von IgE) eingeschätzt werden. Da die DBPCFC gefährliche anaphylaktische Zwischenfälle verursachen kann, sollte sie nur bei akutmedizinischer Behandlungsmöglichkeit durchgeführt werden.

Bei weiterer Unklarheit kann dem Patienten das Führen eines Diät-Tagebuches empfohlen werden, sowie das stufenweise Weglassen gewisser einzelner Nahrungskomponenten (z.B. 3 Wochen ohne Milch), mit Beobachtung der Symptomatik, und gefolgt von Reintroduktion der getesteten Nahrung.

4.3.3.3.1.15.   Massnahmen: Anaphylaxieprävention und -behandlung

Die sicherste Massnahme bei Nahrungsmittelallergien ist heute, das auslösende Nahrungsmittelallergen und seine kreuzreaktiven Allergene zu vermeiden (Antigenkarenz). Daher ist es auch so wichtig, dass der Allergengehalt in Nahrung gekennzeichnet wird, sowie dass kochenden Freunde und Angehörigen über die mögliche Gefährdung des Patienten aufgeklärt werden.

Prophylaktisch sollte bei diagnostizierter Nahrungsmittelallergie, besonders bei bereits vormals aufgetretenen anaphylaktischen Episoden, durch den Patienten ein Adrenalin-Pen mitgeführt werden. Adrenalin (Epinephrin) kontrahiert periphere Blutgefässe und wirkt damit Schock entgegen. Korrekte Lagerung und regelmässige Erneuerung der Patienten sollten beachtet werden. Der Patient muss weiters in die Handhabung durch den Arzt eingeschult werden: Bei Eintreten allergischer Symptome wird der Stift fest auf die Haut aufgesetzt und mit dem Daumen eine automatische Injektion des Adrenalins durch eine Injektionsnadel ins subkutane Fettgewebe, z.B. des Oberschenkels, eingeleitet. Adipöse Patienten können u.U. das Medikament von hier aus nur ungenügend schnell resorbieren, und sollten Hautstellen mit dünnerem Fettgewebe aussuchen.

In der notfallsmedizinischen Behandlung der Anaphylaxie steht ebenfalls die Schocktherapie mit Epinephrin im Vordergrund. Durch i.v. Applikation können schnell wirksame Spiegel erreicht werden. An zweiter Stelle steht die Gabe von β–Sympathikomimetika wie Theophyllinderivate, die auch enggestellte Bronchi wieder erweitern können und daher Asthma entgegenwirken. Erst an dritter Stelle stehen Kortikosteroide, die dem Auftreten späterer Symptome entgegenwirken, wie zellulären Infiltraten und Ödem der Gewebe.

4.3.3.3.1.16.   Immunologische Therapien

Allergen-Immuntherapie

Bei Pollen- Hausstaubmilben- und Insektengiftallergie kann man effizient hyposensibilisieren, daher den Patienten unempfindlich gegen das Allergen machen. Die Behandlung kennt man seit 1911 (Noon und Freeman), sie wird neben Hyposensibilisierung auch Allergen-Immuntherapie, systemische oder subcutane Immuntherapie (SIT oder SCIT), und bei sublingualer Applikation SLIT genannt. Dabei wird das Allergen wiederholt und in steigender Konzentration an den Patienten appliziert bis Verträglichkeit eintritt.

Die Mechanismen für die Wirksamkeit der Therapie sind auch heute noch nicht restlos geklärt. Sehr auffällig ist, dass innerhalb der Behandlung anti-Allergen IgG1 und besonders IgG4 Antikörper gebildet werden, die Funktion als blockierende Antikörper haben. Sie fangen das Allergen ab, bevor es an die mit IgE bewaffneten Effektorzellen kommt, können aber nicht mit den IgE-Rezeptoren interagieren. Andererseits haben wir oben gehört, dass die Typ I Allergie durch eine Dominanz der TH_2-Lymphozyten geprägt ist, die durch ihre Zytokine IgE induzieren. Diese relative Prädominanz wird durch eine erhöhte Rate an Apoptose der TH_1 Zellen erklärt. Bei der Hyposensibilisierung werden regulatorische T-Lymphozyten induziert, T_{regs}. Sie supprimieren die Immunantwort der TH_2 als auch TH_1 Zellen, indem sie die immunmodulierenden Zytokine IL-10 und TGF-β produzieren. Diese dämpfen wahrscheinlich die IgE Antwort und fördern Produktion der nichtinflammatorischen Immunglobulinklassen IgA und IgG4. In weiterer Folge wird auch die Zahl und Aktivität anderer Effektorzellen, wie Mastzellen, Basophile und Eosinophile indirekt gebremst.

anti-IgE Therapie

Die überschiessende IgE Antwort kann auch durch passive Immuntherapie mit humanisierten monoklonalen IgG anti-IgE Antikörpern (z.B. Omalizumab, Handelname Xolair®) erzielt werden, die als Infusionen oder subkutan appliziert werden. Diese Therapie ist bei Asthma bronchiale in den USA zugelassen, und es gab erfolgreiche klinische Studien damit in erdnussallergischen Patienten. Anti-IgE Antikörper kommen auch natürlich vor und können je nach der Epitopspezifität IgE an Effektorzellen kreuzvernetzen (bad anti-IgE) oder ablösen und neutralisieren (good anti-IgE). „Gute" anti-IgE erkennen die konstante Domäne von IgE (Fcε) genau dort, wo es in einer so genannten *banana shape* am Rezeptor sitzt. Nach passiver Immuntherapie mit IgG anti-IgE Antikörpern werden IgEs vom Rezeptor gelöst und neutralisiert, und die Expression der FcεRI an Effektorzellen und dendritischen Zellen wird heruntergeschraubt. Damit kann Allergie behandelt werden, ohne den Patienten mit dem potentiell gefährlichen Allergen zu konfrontieren. Allerdings könnten die natürlichen Funktionen von IgE eingeschränkt werden, da nicht nur das allergenspezifische, sondern das totale IgE vermindert wird.

Biologische Aktitiväten von anti-IgE Antikörpern

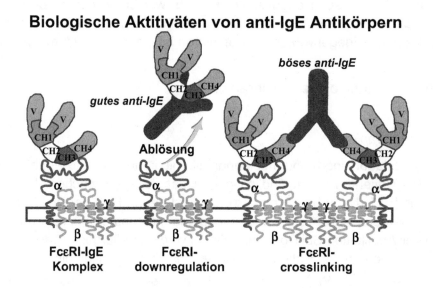

4.3.3.3.1.17.   Tolerisierungsstrategien

Bei Milchallergie von Kindern ist es einzelnen Zentren gelungen, Toleranz gegen Milch durch vorsichtige Fütterung von kleinsten, kontinuierlich ansteigenden Mengen an Milch gelungen. Wegen der Gefahr der Anaphylaxie sollte dies in keinem Fall ohne Notfallsteam erfolgen.

4.4. Chronisch entzündliche Darmerkrankungen

4.4.1. Morbus Crohn & Colitis ulcerosa: IBDs

Diese beiden Erkrankungen sind durch wiederholte und chronisch auftretende, massive entzündliche Infiltrationen gekennzeichnet, die unterschiedliche Ursachen haben und unterschiedliche Darmabschnitte und Wandschichten betreffen. Trotzdem werden Morbus Crohn und Colitis ulcerosa als *inflammatory bowel diseases* (IBDs) zusammengefasst. Folgen beider Erkrankungen sind verschiedene Formen der Malabsorption, Schmerzen, Spannungen, Tenesmen, Blutungen (Blut im Stuhl), sowie diffuse nahrungsassoziierte Beschwerden. Beide Erkrankungen kommen hauptsächlich in industrialisierten Ländern mit guten Hygienestandards und Bildung vor und Umweltfaktoren modulieren den Verlauf: Zigarettenkonsum verschlechtert M. Crohn, aber bessert Colitis ulcerosa. Psychische Faktoren (Stress, Konfliktsituationen) können die Erkrankung negativ beeinflussen.

Manche M. Crohn Patienten leiden auch an Zöliakie, dies muss in der Diagnostik berücksichtigt werden.

4.4.2. Faktoren

Morbus Crohn (Enteritis regionalis)

tritt vor allem im jüngeren Erwachsenenalter (2.-3. Dekade), häufiger bei Frauen, und besonders im skandinavischen und nordamerikanischen Raum auf. Die Prävalenz beträgt 40-60 Fälle auf 100.000 Einwohner. M. Crohn kann im gesamten Gastrointestinaltrakt von der Mundhöhle bis zur Analregion vorkommen. Die häufigsten Lokalisationen sind jedoch das terminale Ileum und das proximale Kolon. Die schubhafte Erkrankung ist durch Entzündung sämtlicher Wandschichten charakterisiert, die meist segmental, diskontinuierlich zwischen gesunden Arealen auftreten (*skip lesions*). M. Crohn beginnt mit flachen, aphtenartigen Schleimhautgeschwüren (aphthoide Ulcera) gefolgt von Granulombildung, lymphozytären, plasmazellulären und granulozytären Infiltraten, die mit Lymphstauung, Abszessen, Fissuren (einrissartige, tiefe Defekte in der Darmwand), Fisteln (Gangbildungen in benachbarte Organe, z.B rekto-vaginale Fisteln) und Lumeneinengung (so genannte Gartenschlauchstenosen als extremes Passagehindernis). Die Ätiologie ist nicht geklärt. Es gibt genetische Faktoren für die Erkrankung: Eine positive Assoziation wurde für die Klasse II Moleküle HLA-DR7, Allel DRB3*0301, sowie für DQ4 gefunden, eine negative Assoziation mit DR2 und DR3.

Colitis ulcerosa

Hierbei handelt es sich ebenfalls um eine chronisch-rezidivierende Darmentzündung, die stets im Rektum beginnt und bei etwa 50% der Patienten kontinuierlich nach proximal fortschreitet. Die Ätiologie ist nicht komplett geklärt. Für eine Autoimmunerkrankung spricht der Nachweis von zirkulierenden zytotoxischen Antikörpern gegen Kolonepithelien sowie eine verstärkte Aktivierung von CD4+ TH-Lymphozyten, die gegen Darmantigene sensibilisiert sind. Der Entzündungsprozess ist bei der Colitis ulcerosa auf die Mukosa und Submukosa beschränkt. Bei der Endoskopie sieht man eine hyperämische, geschwollene und Ulzerationen aufweisende Schleimhaut. Typisch sind die Kryptenabszesse. Genetische Faktoren: Es gibt eine positive Assoziation von Colitis ulcerosa mit Klasse II HLA-DR2, -DR9, und DRB1*0103, eine negative Assoziation für DR4.

4.4.3.   Klinik der IBDs: Gegenüberstellung

Morbus Crohn   **Colitis ulcerosa**

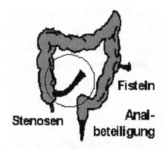
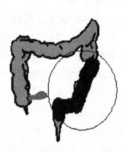

Morbus Crohn	Colitis ulcerosa
- Läsionen von oral bis anal möglich	- spezifische Lokalisation im Colon
- 77% terminales Ileum	- 92% in Rektosigmoid
- transmurale Entzündung, Granulome	- Ulcera mukosal und submukosal
- segmentale Läsionen gesund (skip lesions)	- Architekturumbau: Haustrenverlust, Pseudopolypen
- Fissuren, Fisteln in benachbarte Organe	- Kryptenabszesse
- Narben, Stenosen und Analbeteiligung	- erhöhtes Karzinomrisiko

Für beide Erkrankungen gilt:

Verringerte Lebensqualität durch

Schmerzen, Fieber, Darmblutungen, Diarrhoe

Malassimilation Kohlenhydrate, Fette, Proteine; Enterale Proteinverluste

gestörte Gallensäurenabsorption – chologene Diarrhoe

gestörte Elektrolytabsorption

isolierter Vit B12-Mangel

Unterernährung, Wachstumsretardierung, Kachexie

Infektionen – Gefahr toxisches Megakolon bei Colitis ulcerosa

25% haben extraintestinale Manifestationen an:

Gallengängen (Pericholangitis, sklerosierende Cholangitis)

Gelenken (Arthritis),

Haut (u.a. Erythema nodosum)

Augen (Episkleritis, Iritis)

Todesursachen: Sepsis, Thromboembolien, Komplikationen nach Operationen

4.4.4. Immunologische Phänomene der IBDs

Sie sind gekennzeichnet durch die chronische Entzündung und Akkumulation unterschiedlichster Abwehrzellen: T-Lymphozyten, besonders TH_1-Zellen, die durch IFN-γ Makrophagen aktivieren, und durch IL-2 weitere T-Lymphozyten ins Gewebe holen und zu LAK-Zellen machen (*lymphokine activated killers*);

4.4.4.1. Tabelle: immunologische Veränderungen

	Morbus Crohn	Colitis ulcerosa
Humorale Immunität		
Antikörper: (TH_1-Dominanz)	IgG2 +	IgG1 +
Selektiver IgA-Mangel	+	+
Anti-Mycobacterium tuberculosis avis Antikörper	+	+
Anti-Saccharomyces (Hefepilz)	+	-
Autoantikörper	anti-Erythrozyten	anti-Colon-Protein
(Paraphänomen)	-	pANCAs+
		perinuclear ani-neutrophil
		cytoplasmic antibodies
Zelluläre Immunantwort:		
Zytotoxische Lymphozyten	+	+
Monozyten, Makrophagen	+	+
Neutrophile, Mastzellen	+	+
Zytokine		
IL-2	T-Zellen sind darauf hyperreagil	
IFN-γ (von TH_1-Lymphozyten)	+	-
IL-4 (von TH_2-Lymphozyten)	akut +	-
IL-1 (fördert Fibrosierung)	+	+
IL-6 (stimuliert B-Lymphozyten)	+	-/+
IL-8 (stimuliert Neutrophile)	+	+
Wachstumsfaktoren, Mediatoren		
TGF-β (Geweberegeneration)	+	+
Eikosanoide (Produkte des Prostaglandin-Stoffwechsels)		
	+	+
ROMs (reactive oxygen metabolites), NO	+	+
Nicht-Immunzellen		
Endothelien hyperadhäsiv		++

Makrophagen, die durch TNF-α weitere Makrophagen heranziehen und Gefässe im Sinne der Entzündung dilatieren. Sie sind auch Quelle der Zytokine IL-1, das Fibroblasten stimuliert und des IL-6, welches die Antikörperproduktion aus Plasmazellen fördert;

Plasmazellen, die IgM und IgG Antikörper gegen eine Reihe von Antigenen aus der Schleimhaut, der Kolonflora und der Nahrung bilden. Die Antikörperproduktion kommt durch Schleimhautläsionen wegen der Entzündung zustande und ist wahrscheinlich ein Paraphänomen, das zur Akzeleration der Lage beiträgt;

Neutrophile Granulozyten, die durch das IL-8 aus alarmierten, beschädigten Enterozyten rekrutiert werden.

4.4.4.2. Die chronische Entzündung: Makrophagen & Granulome

In beiden Erkrankungen findet man Zeichen der chronischen Entzündung, besonders in M. Crohn kommen auch Granulome vor: Makrophagen differenzieren sich zu Epitheloidzellen (die fibroblastenartig aussehen), kann aber auch zu mehrkernigen Riesenzellen fusionieren, die ganz typisch in Granulomen vorkommen. Die Granulome sind daher ähnlich wie bei Tuberkulose (Erreger Mycobacterium tuberculosis), aber ohne zentrale Verkäsung aufgebaut. Bei Colitis ulcerosa sind sie nicht so häufig, können aber kryptennahe doch vorkommen.

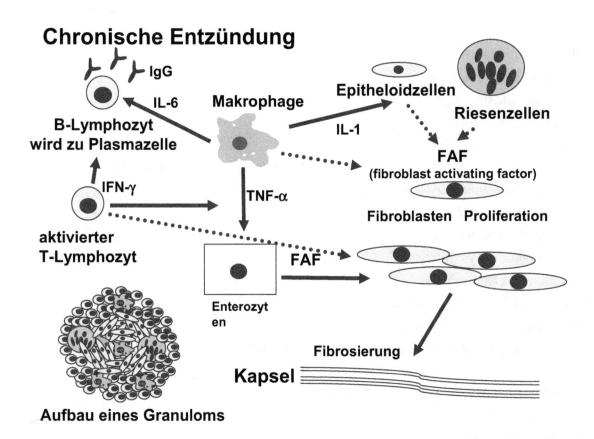

Aus der Abbildung wird klar, dass der Makrophage im Zentrum der Immunreaktionen steht. Neben Aktivierung von Abwehrzellen können die Zytokine IL-1, IL-6 und TNF-α als endogene Pyrogene Fieber verursachen und durch Hepatozyten die Bildung von Akute Phase Proteinen unterstützen.

4.4.4.2.1.   Neueste Erkenntnisse über die Ätiologie der IBDs

Bakterielle Infektion

Da Granulome so typisch sind, wurde schon lange nach bakteriellen Verursachern der IBDs geforscht. In der Tat wurde erst kürzlich Inzidenz für die Rolle von *Mycobacterium avium paratuberculosis* (MAP) am Krankheitsbild des Morbus crohn beim Menschen gebracht (Sechi et al, American J. of Gastroenterology 2005). Mittels PCR und Anzüchtung im mikrobiologischen Labor konnten in Darmbiopsie von 83% der Morbus Crohn-Patienten MAP gefunden werden, bei Kontrollpersonen nur in 10.3%. Daher könnte Behandlung von Morbus Crohn-Patienten mit Antibiotika vorteilhaft sein, allerdings ist der Erreger sehr schwierig zu behandeln und erfordert lange Behandlungsdauer. Mycobacterium avium paratuberculosis" ist weit verbreitet und bei Wiederkäuern für die Paratuberkulose, eine unheilbare Darmentzündung, verantwortlich. MAP wird auch regelmäßig in Milchprodukten, sogar in Babymilchpulver nachgewiesen.

Defekt des Ergothionein-Transport-Proteins.

Ergothionein (Synonyme: (Erythro-)Thionein; Thiasin) ist eine schwefelhaltige Aminosäure und kommt in Getreide vor. Der Mensch beinhaltet diese Aminosäure aber auch in verschiedenen Organen und Zellen (Erythrozyten, Leber, Niere, Harn und Sperma. Ergothionein ist ein Antioxidans und neutralisiert daher freie Radikale und andere reaktive Sauerstoffmetaboliten (ROMs), braucht aber ein transmembranes Transportprotein (Ergothionein-Transport-Protein), um in die Zellen hineingeschleust zu werden wo es schützend wirken kann. Bei Defekten können entstandene Radikale Zellmembranen, -organellen und auch DNA schädigen, es kann zu chronischen Entzündungen wie Polyarthritis, Morbus Crohn und Colitis ulcerosa kommen (Gründemann et al, PNAS 2005).

NOD2-Mutation

25% der Morbus Crohn Fälle stellen eine ererbte Form dar. Mutationen des NOD (*nucleotide binding and oligomerization domain*) könnten die Ursache sein. NOD ist ein zytoplasmatisches Molekül aus einer Familie von Apoptoseregulatoren, das mikrobielle Zellwandkomponenten aufspürt und Entzündungsgeschehen reguliert. Die NOD-Mutation führt zu einer abnormalen Immunantwort auf Bakterien.

4.4.4.2.2.   Diagnose der IBDs

Goldstandard ist eine Kombination aus Bariumkontrastbrei-Radiologie, oberer gastrointestinaler Endoskopie, Kolonoskopie, und endoskopischer Biopsie.

Endoskopie: Sigmoidoskopie, Kolonoskopie, EGD (Ösophagogastroduodenoskopie), ERCP (Endoskopische retrograde Cholangiopankreatographie, Endoskopischer Ultraschall z.B. für die Diagnose von tiefen Fisteln in rektalem Gebiet. Kapsel-Endoskopie: Patient schluckt computergesteuerte Kamera in Kapseln von der Grösse von Vitaminpillen.

Radiologie: Abdominal-Röntgen, Kontrastmitteluntersuchung, Computertomographie (CT), Magnetresonanz Imaging (MRI)

Leukozytenszintigrapie dient zur Entzündungslokalisation, indem akkumulierende autologe Zellen im entzündeten Gewebe durch Gammakameras nuklearmedizinisch detektiert werden. Je nach Fragestellung werden zur Szintigraphie verschiedene Tracer eingesetzt. Man unterscheidet dabei metabolische, d.h. stoffwechselspezifische (z. B. Technetium-99m, Jod-123, Jod-131, Thallium-201 oder auch Indium-111), und bindungsspezifische Substanzen, z.B. monoklonale radioaktiv markierte Antikörper. Letztere nutzen die Oberflächenmarker bestimmter Zellen aus.

Methodik: Erwachsenen werden etwa 40-80 ml Blut aus einer peripheren Vene in eine Spritze abgenommen, die mit Heparin als Antikoangulans und mit Hydroxyäthylstärke als Sedimentationsbeschleuniger gefüllt ist. Die Markierung autologer Leukozyten kann mit dem Radioisotop Indium-111-Oxin direkt, oder durch Technecium-99m markierte Antikörper gegen Leukozytenmarker erfolgen (Anti-Granulozytenszintigraphie), letztere können allerdings HAMA-Bildung hervorrufen können (siehe Serumkrankheit). Die Zellmarkierung sollte in einer laminären Strömungskammer unter sterilen Bedingungen erfolgen. Die Reinjektion der radioaktiv markierten Leukozyten erfolgt spätestens zwei Stunden nach Abnahme der Zellen ebenfalls intravenös über eine grosslumige Nadel. Die Detektion der radioaktiven Leukozyten erfolgt etwa 1 und 2-3 Stunden nach Injektion.

4.4.4.2.3.   Standardtherapien der IBDs

Operation:

Bei Stenosen und Fisteln sind chirurgische Eingriffe (Resektionen, Kolektomie) notwendig.

Antientzündliche Medikation: Zur unspezifischen Bekämpfung der akuten wie chronischen Entzündung werden lokal (Zäpfchen), parenteral und oral nichtsteroidale Antiphlogistika (*non steroidal anti-inflammatory drugs*; NSAID), u.a. die Aspirinderivate 5-ASA (*amino salicylic acid*) (Mesalazin) und N-acetyl-5-ASA, Sulfasalazin (Sulfapyridin = ein Sulfonamid kombiniert mit 5-Aminosalizylsäure), sowie steroidale Antiphlogistika, nämlich Glukokortikoide verabreicht.

NSAIDs, wie auch Glukokortikoide greifen an den Cycloxygenasen-1 und -2 (COX-1 und COX-2) an, welche in unterschiedlichen Organen vorkommen, aber beide aus der Arachidonsäure Prostaglandine herstellen.

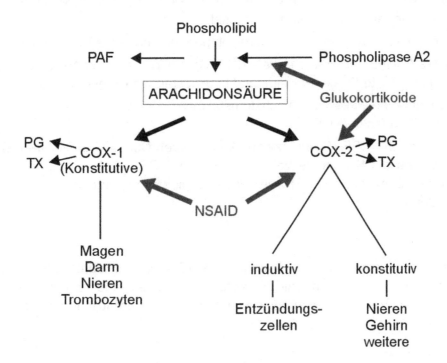

Glukokortikoide hemmen zusätzlich die die Phospholipase A2 und damit die Konvertierung von Membran-Phospholipiden in Arachidonsäure. Sie hemmen weiters auch die Produktion von proinflammatorischen Zytokinen, die bei beiden Erkrankungen eine wichtige Rolle spielen: IL-1, IL-2 und TNF-α, sowie deren Rezeptoren. Im Schub können die Zytostatika Cyclosporin, bei chronisch aktivem Verlauf Azathioprin, notwendig sein. Zytostatika haben immunsuppressive Wirkung, weil sie die Proliferation von B- und T-Lymphozyten, sowie die Zahl der zirkulierenden NK-Zellen, Neutrophilen und Monozyten, die als Makrophagen später TNF-α produzieren, hemmen. Kombination aus den Antibiotika Ciprofloxacin und Metronidazol kann die Therapie des M. Crohn, besonders beim Auftreten perianaler Fisteln begleiten.

Neue immunologische Therapien

TNF-alpha Inhibitoren: Infliximab (Remicade®), CDP 571 (Humicade®), Etanercept (Enbrel®), Onercept (Serono®), etc., sind humanisierte oder chimärische monoklonaler anti-TNF-α Antikörper und werden mit Erfolg bei chronischer Polyarthritis und Morbus Bechterew eingesetzt. Bei M. Crohn haben sie ihre Berechtigung bei sonstiger Therapieresistenz und schweren Fistelleiden. Auch Thalidomid greift an diesem Zytokin an, indem es die TNF-α Produktion hemmt. Während der Therapie ist wegen der teratogenen Wirkung (Contergan®- Missbildungen in den 60er Jahren) strenge Kontrazeption durchzuführen. (NB: Ursache für Teratogenität ist die Radikal-vermittelte Oxidation embryonaler Makromoleküle wie der DNA durch Thalidomid).

Hemmung der zellulären Adhäsion: Die erhöhte Adhäsivität von Immunzellen im Gewebe kommt durch verstärkte Expression von Adhäsionsmolekülen zustande. Natalizumab, LPD-02 and ICAM-1 hemmen diese Adhäsionsmoleküle und damit *„lymphocyte trafficking"* ins Gewebe. Sie werden bei IBD, Natalizumab auch bei Multipler Sklerose eingesetzt.

Als Inhibitoren der TH₁ Polarisation werden humanisierte, monoklonale Antikörper gegen IL-12, IL-6 und Interferon (IFN)-gamma eingesetzt.

Als immunoregulatorische Zytokine verabreicht man rekombinante IL-10 und IL-11.

Inhibitoren des *Nuclear factor kappa beta* (NF-κB), ein Transkriptionsfaktor für viele Zytokine, Chemokine, Akute-Phase-Proteine und Leukozytenadhäsionsmoleküle.

Geweberegenerierend wirken die Wachstumsfaktoren *epidermal growth factor* (EGF) und *keratinocyte growth factor* (KGF).

Wachstumsfaktor GM-CSF (Granulozyten-Makrophagen-Colonien stimulierender Faktor), injiziert, reduzierte die Symptome bei M. Crohn. GM-CSF könnte eine primäre Abwehrschwäche durch Stimulation der Abwehrzellen ausgleichen (Korzenik et al, New Engl. J. of Medicine 2005).

Diätetik:

Wegen der nahrungsassoziierten Symptomatik (Schmerzen durch Meteorismus, Diarrhoen) kann im Schub parenterale Ernährung, zumindest aber Schonkost nötig sein. Dies beinhaltet das Vermeiden von blähenden und schwer verdaulichen Speisen.

4.4.4.2.4.   Zusammenfassendes Schema

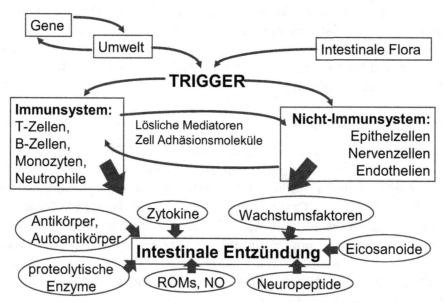

SpringerMedizin

Eckhard Beubler

Kompendium der Pharmakologie

Gebräuchliche Arzneimittel in der Praxis

2006. IX, 210 Seiten.
Broschiert **EUR 29,90**, sFr 51,–
ISBN 3-211-25535-4

Das sehr komplexe Fachgebiet der Pharmakologie wird in diesem Buch anschaulich und zudem auch leicht lesbar vermittelt. Nach einer kurzen Einleitung über pharmakodynamischen und pharmakokinetischen Grundlagen sowie über die wichtigsten Arzneiformen werden die heute in der allgemeinen Praxis wichtigen und häufig verwendeten Arzneimittel und Arzneimittelgruppen systematisch beschrieben.

Ausgehend von den Organsystemen werden Wirkungsmechanismus, Wirkungen, Nebenwirkungen, wichtige Wechselwirkungen und spezielle Ratschläge für Schwangerschaften und Stillzeit so knapp wie möglich ausgeführt. Jedem Kapitel sind dabei die gängigsten Arzneimittel auf einen Blick vorangestellt.

Das Buch liefert eine einfache Basisinformation für Studierende der Medizin und Pharmazie. Es ist sowohl Vademekum für den niedergelassenen Arzt, als auch Lehrbuch für das Studium der Pflegewissenschaften und als Nachschlagewerk für das Pflegepersonal im Krankenhaus und für die Hauskrankenpflege geeignet.

Aus dem Inhalt:

Allgemeiner Teil:
• Pharmakodynamik • Pharmakokinetik • Nebenwirkungen (Unerwünschte Arzneimittelwirkungen) • Arzneimittelwechselwirkungen • Pharmakologische Wirkungen für den Einzelnen • Der Placeboeffekt • Arzneiformen

Spezieller Teil:
• Das Vegetative Nervensystem • Histamin und Serotonin • Blut • Bluthochdruck • Durchblutungsstörungen • Herzinsuffizienz • Koronare Herzkrankheit • Herzrythmusstörungen • Atemwege • Verdauungstrakt • Niere • Stoffwechselerkrankungen • Psychopharmaka • Analgetika • Lokalanästhetika • Narkosemittel • Muskelrelaxantien • Antiparkinson-Mittel • Antiepileptika • Hormonelles System • Antiinfektive Arzneimittel • Immunmodulatoren • Anhang

SpringerWienNewYork

P.O. Box 89, Sachsenplatz 4–6, 1201 Wien, Österreich, Fax +43.1.330 24 26, books@springer.at, **springer.at**
Haberstraße 7, 69126 Heidelberg, Deutschland, Fax +49.6221.345-4229, SDC-bookorder@springer.com, springer.com
P.O. Box 2485, Secaucus, NJ 07096-2485, USA, Fax +1.201.348-4505, service@springer-ny.com, springer.com
Preisänderungen und Irrtümer vorbehalten.

SpringerMedizin

M. Ferencik, J. Rovensky,
V. Matha, E. Jensen-Jarolim

Wörterbuch Allergologie und Immunologie

Fachbegriffe, Personen und
klinische Daten von A – Z

2005. IX, 349 Seiten. 77 Abbildungen. Mit CD-ROM
Gebunden **EUR 49,80**, sFr 85,–
ISBN 3-211-20151-3

Die Immunologie und Allergologie zählen zu den schnellsten wachsenden Bereichen der Wissenschaft, vor allem in Hinblick auf experimentelle und klinische Forschung. Um diesem Wachstum gerecht zu werden, ist es notwendig, über gesicherte Grundlagen Bescheid zu wissen. Mit diesem Werk können auf einfache Art und Weise wichtige allergologische und immunologische Fachbegriffe, als auch klinisch relevante Themen nachgeschlagen werden.

Auch aktuelle Themen, wie etwa Anthrax, Hühnergrippe, DNS-Vakzine, Prionosen, SARS werden umfassend und praxisnah dargestellt. Das Spektrum der präsentierten Themen umfasst daher unterschiedliche Fachdisziplinen, wie Molekularbiologie, Mikrobiologie, Biotechnologie und Klinische Medizin. Aufgrund der didaktischen Aufbereitung und den zahlreichen anschaulichen Abbildungen ist dieses Werk auch als Lehrbuch für Studenten der Naturwissenschaften bestens geeignet. Die Farbabbildungen auf der beigelegten CD-ROM eignen sich gut für Vorträge, Präsentationen und Lehrzwecke.

🐎 SpringerWien NewYork

P.O. Box 89, Sachsenplatz 4–6, 1201 Wien, Österreich, Fax +43.1.330 24 26, books@springer.at, **springer.at**
Haberstraße 7, 69126 Heidelberg, Deutschland, Fax +49.6221.345-4229, SDC-bookorder@springer.com, springer.com
P.O. Box 2485, Secaucus, NJ 07096-2485, USA, Fax +1.201.348-4505, service@springer-ny.com, springer.com
Preisänderungen und Irrtümer vorbehalten.

SpringerMedizin

R. Kuzbari, R. Ammer

Der wissenschaftliche Vortrag

2006. X, 170 Seiten. 55 zum Teil farbige Abbildungen.
Broschiert **EUR 29,90**, sFr 51,–
ISBN 3-211-23525-6

Der wissenschaftliche Vortrag gilt als ausgezeichnetes Instrument, um die Aufmerksamkeit auf die eigene Arbeit zu lenken. Das Handwerkszeug dazu wird kaum gelehrt, sodass öffentliche Auftritte oft mit vielen Unsicherheiten verbunden sind. Dieses Buch füllt diese Informationslücke, indem es präzise Richtlinien für das erfolgreiche und pannenfreie Halten von wissenschaftlichen Vorträgen schildert und dabei alle in diesem Zusammenhang auftretenden Fragen beantwortet.

Neben den unterschiedlichen Phasen eines Vortrages, von der Vorbereitung bis hin zur Diskussion, werden auch der effiziente Einsatz von modernen visuellen Hilfsmitteln wie etwa Grafik, Farbauswahl und Animationseffekte ausführlich und praxisbezogen geschildert. Ideal für junge Akademiker, die kurz vor ihrem ersten Kongressauftritt stehen, aber auch für erfahrene Wissenschaftler, die einzelne Aspekte ihrer Vortragstechnik verbessern wollen.

Aus dem Inhalt:

- Merkmale des wissenschaftlichen Vortrages
- Vortragsmethodik
- Visuelle Hilfsmittel
- Die Vorbereitung des Vortrages
- Die Phasen des Vortrages
- Der Tag des Vortrages.

SpringerWienNewYork

P.O. Box 89, Sachsenplatz 4–6, 1201 Wien, Österreich, Fax +43.1.330 24 26, books@springer.at, **springer.at**
Haberstraße 7, 69126 Heidelberg, Deutschland, Fax +49.6221.345-4229, SDC-bookorder@springer.com, springer.com
P.O. Box 2485, Secaucus, NJ 07096-2485, USA, Fax +1.201.348-4505, service@springer-ny.com, springer.com
Preisänderungen und Irrtümer vorbehalten.

SpringerMedizin

Marcus Müllner

Erfolgreich wissenschaftlich arbeiten in der Klinik

Evidence Based Medicine

Zweite, überarbeitete und erweiterte Auflage.
2005. XVII, 279 Seiten. 31 Abbildungen.
Broschiert **EUR 44,80**, sFr 76,50
ISBN 3-211-21255-8

Dieses Buch liefert praxisbezogenes Wissen zur Planung, Durchführung und Interpretation von klinischen Studien und richtet sich an alle Personen, die eine wissenschaftliche Karriere beschreiten wollen oder an Evidence Based Medicine interessiert sind. Dem Leser wird didaktisch eindrucksvoll vermittelt wie z.B. Studienprotokolle richtig erstellt werden, welche statistische Auswertung wofür verwendet wird oder wie wissenschaftliche Studien anderer kritisch gelesen oder hinterfragt werden können. Wichtige Fragen und Punkte werden dabei anhand von praxisrelevanten Beispielen ausführlich behandelt.

Die zweite Auflage wurde völlig neu überarbeitet und mehrere neue Kapitel sind dazugekommen. Unter anderem werden nun auch Analyse und Interpretation von Beobachtungsstudien, Good Clinical Practice, Messung von Lebensqualität, Randomisierungsformen (z.B. cross-over und faktorielles Design) und Wissenschaftstheorie beschrieben. Außerdem gibt es noch mehr anschauliche Fallstudien.

Aus dem Inhalt:

Abschnitt I – Grundlagen des Studiendesign:
Klinische Epidemiologie – eine Art Einleitung • Das Studienprotokoll • Über Risikofaktoren und Endpunkte • Fragebogen und Interview • Die biometrische Messung • Was heisst eigentlich Risiko? • Die Freunde des Epidemiologen: Zufallsvariabilität, Bias, Confounding und Interaktion • Verblindung und Bias • Fall-Kontroll (Case-Control) Studie • Die Kohortenstudie

Abschnitt II – Grundlagen der Analyse:
Wie soll ich meine Daten präsentieren? • Das Wichtigste über den p-Wert – Der statistische Gruppenvergleich • Welcher statistische Test ist der richtige? • Korrelation und Regression ist nicht das Gleiche

Abschnitt III – Interpretation klinischer Studien:
Evidenz und klinische Praxis • Wissenschaftliche Arbeiten kritisch lesen - eine Checkliste • EBM Quellen

Abschnitt IV – Sonstiges:
Ethik und klinische Forschung • Die Zulassung von Medikamenten (und anderen Medizinprodukten).

SpringerWien New York

P.O. Box 89, Sachsenplatz 4–6, 1201 Wien, Österreich, Fax +43.1.330 24 26, books@springer.at, **springer.at**
Haberstraße 7, 69126 Heidelberg, Deutschland, Fax +49.6221.345-4229, SDC-bookorder@springer.com, springer.com
P.O. Box 2485, Secaucus, NJ 07096-2485, USA, Fax +1.201.348-4505, service@springer-ny.com, springer.com
Preisänderungen und Irrtümer vorbehalten.